SISTÉME

DU

MOUVEMENT,

Par M. DE GAMACHES Chanoine Regulier de Sainte Croix de la Bretonnerie.

AVERTISSEMENT.

LEs Questions qui regardent le Mouvement en general, sont trèsdifficiles à resoudre, du moins quand on ne veut raisonner que sur des idées claires, & ne dire que ce qui peut être dit avec preuve; ce qu'on croit le mieux sçavoir, est souvent ce qu'on auroit le plus de peine à justifier. Je suis sûr, par exemple, qu'on se trouveroit fort embarassé si l'on avoit à faire voir qu'il y a du mouvement. C'est qu'avant toutes choses il faudroit prouver l'existence des corps: existence dont nous ne pouvons gueres nous assurer que par provision; que cela soit dit cependant sans déplaire à ceux a qui l'autorité des sens tient lieu de preuve. Il s'agit ici de philosopher, & de philosopher sur des idées claires. Je demande donc, comment pouvons-nous être sûrs que les corps existent? est-ce parce que nous les voyons? Mais pour cela il faudroit que nous les vissions en eux mêmes: Or tout Philosophe conviendra que nous ne les sçaurions voir que

par

AVERTISSEMENT.

par les *Images*, ou par les idées qui nous
les representent. Eh! qui peut nous assurer que ces idées, ou ces images ne se presentent point à faux à nôtre esprit.

Accordons cependant qu'il y a des corps;
faisons plus, ces corps dont nous voulons
bien passer l'existence, supposons les visi-
bles par eux-mêmes; je dis qu'avec cela
nous ne pourrions encore rien conclure de
certain sur la réalité du mouvement.
Voici pourquoi: que les objets qui se presentent à nous, soient de simples apparences, ou que ce soient les corps mesmes
que les Philosophes supposent ne pouvoir
être que représentés; quelque supposition
que l'on fasse, il faudra toûjours convenir que les qualités sensibles qui nous font
distinguer ces objets, ne sont en eux que
des qualités apparentes, dont nous posse-
dons toute la realité. Ainsi quand il nous
paroît qu'un corps est en mouvement, que
sçavons-nous, si cela ne vient point de ce
que differentes parties de la matiere nous
presentent successivement les memes qua-
lites sensibles? peut-être sont-ce nos sentimens qui se promenent dans les espaces
que les corps nous paroissent parcourir.
Ce n'est pas tout, je dis que dans quelque
sisteme que ce soit, le mouvement ne peut

etre

tre visible ; car un corps ne se meut que quand il se trouve successivement en differens endroits, que quand il passe d'un lieu dans un autre : Or il est evident que nous ne sçaurions le voir que dans un seul endroit à la fois : Nous ne le voyons donc point changer de place, nous nous ressouvenons seulement qu'il en a changé ; mais comment nous en ressouvenons-nous ? c'est par une idée presente, qui à la rigueur pourroit exister, sans qu'il y eut jamais eu rien de semblable à ce que nous croyons qu'elle nous rapelle.

Après tout, je conviens que ce ne sont là que des doutes philosophiques, on se mocqueroit de quiconque voudroit s'y arreter. Aussi pour eviter le ridicule, vaut-il souvent mieux croire sans preuve, que de douter avec raison. Sur ce pied-là, je passe la realité du mouvement ; mais on demande quelle est sa nature, quelle est sa cause, & comment il se communique : ce sont trois questions que je vais essayer de resoudre. Si je m'eloigne en quelque chose des sentimens reçus, ou même juridiquement approuvés, ce ne sera point par affectation : J'userai seulement de la liberté qu'ont les Philosophes, de ne prendre que la raison pour gui-

de

de, lors qu'il s'agit de philosopher: c'est un privilege qui leur est acquis, & peut-etre ne trouvera-t-on pas mauvais que j'en veüille joüir avec eux. Quoi-qu'il en soit, je crois devoir avertir qu'il est necessaire de se rendre attentif, il faut que j'entre dans des raisonnemens metaphisiques, & l'on sait que ces sortes de raisonnemens sont moins faciles à suivre que ceux qui roulent sur les choses dont on est frapé, ou sur les idées palpables de ce qui se compte, ou de ce qui se mesure. Il nous en coûte pour nous fixer à ce qui se dérobe à nos sens, & à nôtre imagination: ce qui n'est que l'objet de l'esprit pur, semble n'avoir point de prise pour nous. Cela ne nous fait en verité pas d'bonneur, & il est étonnant qu'apres d'aussi grands maîtres que ceux que nous a fourni nôtre siecle, nous n'ayons point encore acquis la facilité de nous elever au dessus des conceptions communes: Si ce n'est pas nôtre faute, nous en sommes plus a plaindre; mais du moins nôtre attention dépend-t-elle de nous: donnons la donc à ce que nous avons à rechercher ici.

SIS-

DISSERTATION.

Omme les principes de la nature ont un enchaînement nécessaire, je crois qu'avant que d'entamer les questions qui regardent le Mouvement, il est à propos que nous examinions ce que c'est que la matiere, & quelle est son essence. Les premiers principes sont toûjours les plus féconds, & ceux qu'il importe le plus d'éclaircir. On refuse quelquefois de s'y arrêter ; c'est un effet de l'impatience naturelle de l'esprit humain. Quelquefois aussi affecte-t-on de les negliger, parce qu'ils sont difficiles à saisir ; c'est un détour de l'amour propre. Pour nous, prenons la voïe la plus sûre, & conduisons ici nos reflexions avec ordre.

On convient déja de ces deux principes ; l'un, que tout ce qui est, est ou substance ou mode ; l'autre,

que

que comme une substance est, ainsi
que le mot le porte, ce qui subsiste
par soi-même, on peut toûjours la
concevoir seule, & comme isolée;
au lieu qu'une modalité n'étant qu'u-
ne maniere d'etre d'une substance, l'i-
dée qui la represente renferme nécessairement celle de la substance dont elle est la modalité. Or voilà tout ce
qu'il nous faut pour découvrir quelle
est l'essence des corps; car comme il
n'y a point de matiere qui ne soit étenduë, il faut nécessairement que l'étenduë soit un mode des corps, ou qu'elle
en soit elle-même la substance; mais il
est certain d'un autre côté que l'étenduë peut être aperçûe seule, qu'on
peut penser à des espaces, qu'on peut se
les representer, sans que l'idée qu'on
s'en forme tienne par elle-même à
aucune autre idée: l'étenduë ne doit
donc point être mise au rang des
simples modalités; c'est donc une
substance; c'est donc la substance
même des corps.

Mais si les corps ne sont que de
l'étenduë, il faut que toutes leurs
proprietés se reduisent à des figures,
& à des changemens de rapports de
distan-

diſtance; Car l'idée de l'Etenduë ne nous offre rien de plus. Ainſi nous nous trompons, quand nous croyons que la lumiere, les couleurs, les ſons, les odeurs appartiennent en propre à la matiere: ce ne ſont que les impreſſions ſenſibles, que les objets exterieurs font ſur nous, & que nous leur raportons par un jugement naturel. Je dis la mê-me choſe de la peſanteur, de la for-ce, & des tendances; ce ne ſont que les ſentimens penibles qui nous ſont occaſionés par les corps que nous voulons faire changer de ſituation, ou qui nous en font changer nous-mêmes: ſentimens que nôtre imagi-nation transforme en qualités ſenſi-bles; auſſi éprouvons-nous que ces ſortes de qualités ſe fortifient ou s'af-foibliſſent ſelon que les parties orga-niques de nôtre corps ont plus ou moins de ſolidité, ſelon que les eſ-prits qui les animent y coulent ou plus ou moins abondament.

Mais une erreur encore plus groſ-ſiere, c'eſt celle où nous tombons, quand de nos ſentimens ainſi trans-formés, nous en faiſons un principe actif dans la matiere. Cette erreur toute grossiere qu'elle est, ne laisse pourtant pas d'être difficile à éviter : c'est que nous apercevons le mouvement sans que son principe se manifeste : Or nous voulons tout sçavoir & tout entendre ; ainsi quand la cause d'un effet qui nous frape ne se presente point à nous, nous aimons mieux risquer de la metre où elle n'est pas, que de nous resoudre à l'ignorer.

Tâchons donc de ne nous point méprendre ici par un jugement précipité : consultons avec atention l'idée de la matiere, nous nous apercevrons bien-tôt qu'elle ne nous offre rien que de passif, & que nous n'avons droit d'attribuer aux corps qui s'arrangent entre eux dans un ordre déterminé, que la même vertu que nous atribuerions à leurs images aperçûes dans un miroir où nous leur verrions prendre les mêmes arrangemens ; ne nous trompons point, la loi sur laquelle ces arrangemens seroient reglés, est tout ce qu'on peut raisonnablement apeller force ou vertu dans les corps : c'est que, comme je l'ai déja dit, nous ne pouvons trou-

trouver dans la matiere que dés figures & de simples changemens de raport de distance : c'est là à quoi se
reduisent toutes les qualités que nous
sçavons sûrement lui appartenir ;
mais supposé qu'il fut possible que
quelque chose de plus lui appartînt
à nôtre insçû, du moins serions nous
sûrs que ce ne seroit rien de semblable à ce que nos sens & nôtre imagination y mettent ; car prenons y
garde, il n'est nullement nécessaire
de connoître toutes les qualités qu'u-
ne chose peut avoir, pour être fondé a donner l'exclusion à celles que
sa nature lui refuse. Supposons, par
exemple, qu'on ne connût pas toutes les proprietés du Cercle, cela
empêcheroit-il qu'on ne pût s'assurer
que la pensée n'ast pas du nombre de
celles qui lui conviennent ? nullement ; pourquoi cela ? c'est que toutes les proprietés qu'une chose peut
avoir, étant son essence même considerée sous differens régards, il faut
de necessité qu'elles soient toutes du
même genre : Or il est évident que
la pensée est d'un genre tout different
de ce que nous voyons couler de l'es-

sen-

fence du Cercle. Je raifonne de même fur ce qui regarde la matiere ; je
dis que , puifque la force & les efforts n'ont rien de commun avec les
qualités que nous lui connoiffons ,
nous ne devons leur donner aucun
rang parmi elles ; & ce que je dis ,
je l'étens à toutes les qualités fenfibles, qu'on fçait n'avoir aucun raport
ni avec des figures , ni avec des
mouvemens : feules proprietés que
nous offre l'idée de l'étenduë.

Voilà donc la matiere entierement
dépoüillée de tout ce qui en diftin-
gue, ou en caracterife les differentes
parties ; mais dans cet état que de-
vient-elle? ne feignons point de le
dire, elle devient précifément ce que
le commun des Philofophes defigne
par le mot de *vuide* : car le vuide,
de la maniere même dont ils le con-
coivent , eft réellement un efpace
qui a des parties de differentes figures & de differentes grandeurs ; des
parties réellement diftinguées les u-
nes des autres , & qui fubfiftent par
elles-mêmes , ce qui reffemble déja
fort à la matiere. Ajoutons à cela
que ces parties n'ayant entr'elles au-

cun

eun arrangement qu'on puisse supposer nécessaire, rien n'empêche que
l'Auteur de la nature ne les dérange,
quand bon lui semble; ainsi le mouvement convient encore aux espaces
qu'on prend pour le vuide. Que
manque-t-il donc à ces espaces pour
nous paroître des corps? il leur manque de se presenter à nous revêtus de
qualités sensibles, mais c'est à nos
sens & à nôtre imagination à les en
revêtir.

Tout est masqué pour nous dans
la nature: l'Univers est un spectacle
où tout nous fait illusion, & ce qu'il
y a de fâcheux, c'est que la premiere
forme sous laquelle nous le voyons,
fait en quelque maniere l'unique regle de nos jugemens. Dans l'enfance, il nous semble que l'espace qui
nous separe des corps celestes, est
un grand vuide, qui peut se mesurer, & qui a des parties; mais nous
ne prenons point cela pour de la matiere. Il est vrai que l'experience
nous oblige ensuite à revenir un peu
de ce prejugé: Nous voyons que
l'air qui nous environne, agite souvent les corps sensibles; & puis il

nous paroît qu'il a du reſſort. Nous voyons outre cela que les rayons de la lumiere s'étendent ſans interrupti-on depuis les corps qui les pouſſent juſqu'à nous, qu'ils ſe refléchiſſent ſur ceux qui s'oppoſent à leur paſſa-ge , & qu'ils ſe rompent dans les dif-ferens milieux par où ils paſſent. Nous voyons auſſi que, lorſque nous les raſſemblons, ils ébranlent , ils a-gitent même violemment les parties des corps qui ſe trouvent au point de leur réunion. Ainſi il nous a fallu admetre de la matiere où nous n'en ſoubçonnions pas ; mais c'a été com-me malgré nous ; & même à preſent nous ne l'admetons que le moins qu'il nous eſt poſſible. Nous ne ſcaurions nier que les corps ſur leſquels nos ſens n'ont point de priſe , ne nous paroiſſent toûjours un peu moins corps que les autres : Il ſemble que nous ne leur acordions qu'une demi réalité. Il n'y a guéres que ce qui nous frape que nous regardions vo-lontiers comme ſubſtance. Quelque déſabuſez que nous penſions être, il eſt certain qu'un bloc de marbre nous paroîtra toûjours quelque choſe de de plus qu'un pareil volume de matiere étherée. J'avoüe que cette erreur n'est que dans nôtre imagination; nôtre esprit la rejette; mais de quelle maniere? c'esten nous fournissant d'autres fausses idées, qui, à la honte de la Philosophie, ont trouvé grace dans l'école. On admet le vuide comme possible, ou bien même on le suppose existant, & l'on en fait le lieu des corps, comme si deux étenduës pouvoient se penetrer, & être reduites à n'en faire plus qu'une.

Ces deux erreurs étoient pourtant generalement répanduës, quand M. Descartes parut. Ce grand homme entreprit de nous dévoiler la nature; ce ne fut pas une petite entreprise. Il falloit convaincre le genre humain d'ignorance: Aussi quelle contradiction n'eut il pas à essuyer? Ce ne fut pas simplement parmi le peuple qu'il trouva des obstacles à l'établissement de la verité, ce fut principalement parmi les sçavans, parmi ceux qui se trouvoient en possession d'instruire les autres, & qui avoient reduit en Dogmes les prejugez vulgaires,

gaires. Ce sont presque toûjours les sçavans, ceux qui le sont de profession, qui retardent le plus le progrès des Sciences? Ils ne veulent rien apprendre de leurs Contemporains; il en coûteroit à leur vanité: ceux dont ils sont trop proches, leur font ombrage; & puis le moyen de recommencer à penser sur nouveaux frais? On veut joüir de ce qu'on a aquis, & quand une fois on a sa provision d'idées, on cherche à se reposer; on a trop de peine à désaprendre; ceux qui ne sçavent encore rien, en ont moins à s'instruire: Aussi la Philosophie de M. Descartes ne commença-t-elle à s'accréditer que quand les Scavans deja formés, commencerent à faire place à ceux qui se formoient. Il ne joüit point du fruit de son travail; la verité ne triompha que par le zele de ceux qui le suivirent; il ne fut pas témoin du deshonneur de ceux qui l'avoient combatuë; car les faux sçavans furent degradés; quel nom en effet leur reste-t-il parmi nous? Si M. Descartes eût prévû cela, je suis sûr qu'il n'eût fait grace à aucune erreur philoso-

phi-

phique ; mais ceux à qui il avoit affaire, l'intimidoient ; il craignoit
leurs préventions, & peut-être leur
manque d'intelligence ; il en convient lui-même dans une de ses Let-
tres : il lui paroissoit qu'il n'avoit déja que trop choqué les préjugez ; selon lui il n'étoit pas à propos de tout
dire, il falloit user de ménagemens ;
il en usa donc, & ce fut principalement sur ce qui regarde le mouvement qu'il scavoit être purement relatif, & ne pouvoir rien renfermer
d'absolu ; mais qu'arriva-t-il ? C'est
qu'en déguisant aux autres la verité,
il se la déguisa insensiblement à lui-
même, & il en fut puni : car dès
l'entrée de sa Phisique, il tomba
dans des erreurs marquées sur les
Loix des communications des mouvemens : erreurs qu'il eût évitées sans
peine, s'il eût rapellé ses propres
principes, & qu'il eût osé les suivre.

Ce qui m'étonne, c'est qu'entre
ceux qui se déclarent ses Partisans,
à peine en trouve-t-on qui ayent
voulu lui tenir compte des ouvertu-
res qu'il nous donne sur la nature du
mouvement. Cependant les dégui-

femens ne font plus néceffaires, la raifon joûit prefentement de tous fes droits; on n'eft plus fcandalifé de voir les Philofophes faire tête aux erreurs populaires. D'où peut donc venir l'infortune du mouvement relatif? pour quoi n'eft-il pas encore en honneur dans la Philofophie Cartefienne? Je n'en fcais rien, tout ce que je fcais, c'eft qu'avec un peu de juftefle d'efprit on s'apercoit aifément que les principes qui fervent de fondement à cette Philofophie, font directement contraires à l'opinion du mouvement abfolu.

En effet afin qu'un corps pût être abfolument en mouvement, il faudroit qu'il eût quelque *qualité intime*, ou du moins quelque *relation externe*, qui le diftinguât de ceux qu'on regarde comme en repos; mais c'eft ce qu'on ne peut fupofer dans le Siftême établi par M. Defcartes; car premierement s'il n'y a dans la matiere nulle force, nul effort, nulle tendence, en un mot nul principe actif, quelle efpece de qualité pouroit-on metre dans les corps qu'on dit fe mouvoir d'un mouvement abfolu?

folu? quelle vertu, quelle entité re-
cevroient ils à l'exclusion des autres?
On dit qu'ils recoivent l'action de
Dieu; car presentement on convient
affez volontiers que Dieu feul peut
mouvoir les corps, & ce n'eft pas
peu qu'on veüille bien fe refoudre à
profcrire les caufes fecondes; mais je
demande: qu'entend t-on par l'action de Dieu recuë dans les corps?
cela ne fe dit pas de fa volonté par
laquelle feule il agit; cela ne fe peut
dire que de l'effet que produit fa volonté: Or cet effet, les Cartefiens
en conviennent, ne peut être ni une
qualité intime, ni une nouvelle entité
ajoûtée à la fubftance des corps mûs;
ce n'eft donc qu'un fimple changement de raport de diftance; changement neceffairement reciproque.
Mais on infifte, & l'on dit que
quand ces fortes de changemens s'o-
perent, la volonté de Dieu s'applique directement à de certains corps,
pendanr qu'elle n'eft apliquée qu'in-
directement aux autres. Si je détail-
le ici une pareille objection, on me
le doit pardonner, il faut bien donner quelque chofe à la reputation de

ceux qui la font ; je dois les servir à
à leur mode, & si je ne le faisois
pas, peutêtre s'en feroient ils un titre pour autoriser leurs préventions.
Je repond donc que ce que disent
ceux qui philosophent ainsi, ne peut
au plus être regardé que comme une
simple hypotêse, dont ils n'ont nul
droit de se prévaloir ; ils devinent,
à moins qu'ils n'ayent sur ce point
quelque revelation qui nous manque.
Je dis de plus que ce qu'ils veulent
que nous croyons sur leur parole,
ou sur la foy de leurs préjugez, est
injurieux à la divinité. Ils humani-
sent Dieu dans ses operations. Nous,
parce que nous sommes bornés, &
que nous n'operons rien, comme
causes veritables, nous pouvons vouloir qu'un corps change de raport de
distance avec un autre sans apliquer
nôtre volonté, sans même fixer nôtre esprit à tous les differens raports
qui naissent du changement que nous
voulons operer. Mais il n'en est pas
ainsi de Dieu ; nous devons croire
qu'il apercoit d'une simple vûë tout
ce qu'il fait, & que sa volonté s'a-
plique directement à tout ce qu'elle
oþe-

opere : & puis ce n'est point du tout
là dequoi il est question présentement. Il ne s'agit point ici de la cause
du mouvement, il s'agit de sa nature; il s'agit de scavoir si le mouvement consideré en lui-même supose
quelque *qualité intime* dans les corps
qui sont censés se mouvoir : mais on
void bien que c'est ce que les Philosophes modernes n'auroient garde
d'admetre ; ils démentiroient l'idée
qu'ils nous donnent eux-mêmes de la
matiere. Il ne faut ni vouloir se tromper de gayeté de cœur, ni prétendre
nous donner le change. Il est manifeste que chercher ce que c'est que
le mouvement, c'est chercher ce
qu'il est dans les corps mêmes, c'est
chercher quel est l'effet que produit
la cause motrice quelle qu'elle puisse
être, & de quelque maniere qu'on
la supose determinée : or dès qu'on
reconnoît que cet effet n'est dans la
matiere qu'un simple changement de
raport de distance, on est obligé de
convenir qu'il n'y a rien que de relatif & de réciproque dans ce qui constitue la nature du mouvement. Tout
faux-fuyant seroit inutile ici, & même

me il fieroit mal à des Philofophes
de bonne foi de vouloir fauver une
meprife aux dépens de ce qu'ils doivent à l'évidence.

Mais il me refte à faire voir qu'on
ne peut pas non plus déterminer l'é-
tat des corps par aucune *relation ex-*
terne, quand une fois on fupofe qu'il
n'y a point d'autre étendue que celle
de la matiere ; ainfi c'eft encore aux
Cartefiens, * que je parle : car pour
les autres Philofophes, qui fe figurent que la matiere eft renfermée
dans des efpaces immobiles, ils fe
réprefentent les corps qu'ils difent fe
mouvoir, comme repondant fucceffivement à differentes parties de ces
efpaces, & ceux qu'ils fupofent en
repos comme repondant toûjours
aux mêmes. Ainfi voila, felon leur
maniere de penfer, des relations ex-
ternes, propres à déterminer l'état
de chaque corps en particulier : il
                                        n'eft

____

* *Ceux que j'apelle Cartefiens, ce ne font*
pas les gens fervilement attachés à tous les
fentimens de M. Defcartes ; ce font les Philo-
fophes qui reconnoiffent que la matiere n'eft
capable que de figures, & de changemens de
raports de diftance.

n'eſt donc pas étonnant que ces gens-
là admetent le mouvement abſolu ; s'
ils ont dequoi le déſigner : ſileurs
idées ſont fauſſes, du moins ſont-
elles aſſorties ; mais ceux qui ſçavent
que le lieu des corps ſont les corps mêmes, de quelles relations, de quels
raports ſe ſerviront-ils pour nous
faire trouver quelque choſe d'abſolu
dans le mouvement ? car enfin on ne
ſçauroit diſconvenir que l'idée du
mouvement abſolu ne renferme celle
d'un lieu fixe & immobile, aux differentes parties duquel les corps mûs
ſont ſucceſſivement appliqués ; mais
ce lieu immobile, ce lieu fixe, où
le trouver dans la nature, s'il n'y a
point d'autre étenduë que celle de la
matiere ? Les Carteſiens n'ont appa-
remment pas fait attention à cela ;
mais ceux qui y ont penſé, & qui
l'ont fait ſans abandonner l'opinion
commune ſur la nature du mouvement ; je le dis, ces gens-là n'ont
en verité aucun reproche à faire aux
Partiſans de l'ancienne Philoſophie.
Il eſt moins honteux d'avoir de faux
principes, quand on peut les ſuivre,
que d'en avoir de bons, & de n'en
ſça-

sçavoir pas faire usage : souvent on pense bien par hazard ; mais il faut avoir l'esprit juste pour raisonner conséquemment. Nous aurions cependant tort de nous décourager; les mêmes idées ne prennent pas toûjours avec la même facilité dans tous les esprits; mais le tems amene tout, & tôt ou tard la verité dissipe les préjugez qu'on lui oppose. Continuons donc à éclaircir les raisons qui justifient le mouvement réciproque & relatif.

Les corps qu'on dit en mouvement, & ceux qu'on dit en repos, ont toûjours la même relation au *lieu interieur* qu'ils ocupent; car ce lieu, c'est l'étenduë même qui constitue leur nature. Un corps ne peut donc avoir d'état déterminé que relativement aux autres corps qui l'environnent, & qui lui servent de *lieu exterieur*, ou si l'on veut de lieu Phisique. Cela est clair pour les Philosophes à qui je parle; c'est leur principe même que j'expose; ils ne peuvent pas le méconnoître : je n'ai donc plus qu'à montrer que de là se tire nécessairement le mouvement relatif

&

& réciproque : Mais rien n'est plus facile. On void d'abord que la masse totale de la matiere ne peut être ni en repos ; car qui dit repos ou mouvement, dit comme on en convient, relation à quelque chose d'exterieur : Or que pourroit-on suposer au de-là de l'étenduë ? Mais si l'état de la masse de la matiere n'est point déterminé, celui de ses parties ne peut l'être non plus ; l'un est une suite nécessaire de l'autre. Il est vrai que chaque corps particulier comparé à chacun de ceux qui l'environnent, & qui lui servent de lieu Phisique a necessairement differens états relatifs, & cela tout à la fois ; il n'y en a point qu'on ne puisse dire être en même tems, & en repos & en mouvement, & avoir toutes les directions & tous les differens degrez de vitesse determinez dans l'ordre de la nature. Ce n'est pas tout, car les corps se servant mutuellement de lieu exterieur la détermination de leur état doit aussi être mutuelle : Ainsi quand ils changent entr'eux de raports de distance, le mouvement est nécessairement reciproque, & ne peut être attribué

aux

aux uns plûtôs qu'aux autres que par
supofition. Tout cela fuit néceffaire-
ment des principes que j'ai d'abord
établis, & qu'on fcait être le fondement de la nouvelle Philofophie.

Je reviens donc à ma propofition
generale, & je dis qu'avec un peu de
juftefle d'efprit on s'apercoit aifément que les principes de cette Philofophie une fois recûs, il n'eft plus
permis d'admetre le mouvement abfolu : pourquoi les Philofophes de
l'ancienne école l'admetent-ils? c'eft
qu'ils croyent que les corps qu'ils fupofent fe mouvoir, ont en eux une
force que n'ont pas les autres, ou
bien ils fe figurent que ces corps font
fucceffivement appliquez à differentes parties d'un efpace fixe & diftingué de la matiere, mais fuppo-
fons que fans changer de principes,
ils allaffent s'avifer de conclure que
tout mouvement eft relatif & réciproque, je fuis fûr que nous ne trou-
verions pas que cela dût faire honneur à leur jugement: Or mettons-
nous préfentement à leur place, &
voyons ce qu'eux - mêmes peuvent
penfer, qnand ils voyent un Cartefien
pri-

priver les corps de toute vertu, de toute force, & puis ne vouloir aucune étenduë distinguée de la matiere, & par conséquent ne reconnoître aucun lieu fixe dans la nature, & malgré cela admettre le mouvement absolu, & prononcer en sa faveur : on voit bien qu'il n'est pas possible que les Partisans de l'ancienne Philosophie ne soient alors surpris de cette nouvelle maniere de philosopher ; car c'est penser le pour & le contre tout à la fois ; c'est vouloir qu'il n'y ait rien ni *dans les corps* ni *hors des corps* qui détermine leur état, & décider en même temps que leur état est determiné.

Les Cartesiens qui s'accommodent d'une pareille disparate, ne contribueront certainement pas à relever le merite de la Philosophie de M. Descartes : Nous nous passerions volontiers d'avoir de tels ajoints : par eux les sectateurs d'Aristote & d'Epicure ont présentement de l'avantage sur nous ; nous leur reprochons des préjugez, mais ils peuvent nous reprocher des contradictions ; & le malheur, c'est que quand un Philosophe

sophe a de fausses idées, on ne peut pas le convaincre absolument qu'il pense mal, au lieu que quand il tire des consequences contraires à ses principes, dès lors il est convaincu de ne sçavoir pas philosopher.

Desavoüons donc pour nôtre honneur ceux qui se mettent au rang des nouveaux Philosophes, sans rejetter le mouvement absolu ; renvoyons les à l'ancienne philosophie de l'école ; il est même de leur interêt d'en adopter les principes ; ils ne peuvent se justifier que par là. Il est vrai que d'illustres defenseurs du Cartesianisme se sont quelquefois prêtés aux idées communes en parlant du mouvement, & je n'en suis point surpris : il se peut fort bien faire que des personnes d'esprit, que de grands hommes même, ne tirent pas toûjours de leurs principes tout ce qu'il est possible d'en tirer. On ne peut éclaircir que ce qu'on examine, & il y a souvent des choses qu'on ne s'avise pas d'examiner. Mais ce qui doit nous surprendre, c'est que des Philosophes, après s'être suffisament instruits des deux opinions qui nous

par-

partagent sur la nature du mouvement, se soient eux mêmes trahis en prononçant en faveur de celle qui renverse manifestement leur sistême: quel besoin avoient-ils de se commettre en risquant leur jugement? personne n'exigeoit d'eux cet essai d'insuffisance. Je conviens qu'on a de la peine à se représenter les corps dans un état indéterminé: cela étonne l'imagination, cela la blesse même; mais l'idée, dont celle-ci est une dépendance nécessaire, est-elle moins difficile à saisir? en coûte-t-il moins pour gagner sur soi, de ne mettre aucune différence entre l'espace & la matiere? Cependant ceux de qui nous parlons se sont rendus sur ce point: on ne doit pas à la verité leur en faire un merite; ils ont trouvé la Philosophie de M. Descartes en credit, & ils ont scû en apprendre les principes. Quand ces gens-là se déterminent à croire, c'est toûjours sur la foi du grand nombre, encore leur faut-il des garants accredités: toute nouvelle induction de la doctrine même qu'ils professent, leur paroîtra toûjours suspecte: c'est qu'ils n'ont

que

que des idées empruntées , dont ils ne sçavent pas se rendre maîtres. Mais tous les Cartesiens ne leur ressemblent pas : il s'en trouve à qui il est donné de pouvoir penser par eux-mêmes , & il n'est pas possible qu'auprès de ceux-ci le mouvement relatif ne soit pleinement justifié. Ne laissons pourtant pas de l'éclaircir encore , & d'en déveloper la nature.

Tout bon Philosophe convient presentement avec les Theologiens, que la conservation des Estres créés, est une émanation de la toute puissance de Dieu, que c'est une suite non-interrompuë de réproductions, une création continuellement réiterée : Or ce principe posé , répresentons-nous la matiere dans le premier instant, où il plaît à Dieu qu'elle existe ; tout ce que nous voyons alors, c'est que les parties qu'elle renferme se trouvent rangées dans un ordre purement arbitraire. Aussi à cet ordre en voyons-nous bien-tôt succeder un autre, & plus un autre encore , & ainsi de suite : c'est-à-dire qu'il nous paroît que chaque nouvelle

créa-

création nous donne un nouvel arrangement, & qu'il n'y a point d'instant où l'action de Dieu ne tombe
sur toutes les parties de la matiere à
la fois. Mais que nous faudroit-il
de plus pour fixer nos idées ? il me
semble que nous voilà présentement
en état de sentir que les corps qu'on
dit en mouvement, n'ont rien qui
les distingue de ceux qu'on regarde
comme en repos, ou bien il faudroit
que nous nous figurassions que pendant que les uns seroient successivement créés dans differens endroits
d'un espace fixe & immobile, & par
conséquent distingué de la matiere,
les autres se trouveroient continuellement recréés dans les mêmes endroits de ces espaces; ce qui ne ca-
dreroit plus avec les saines idées de
la nouvelle Philosophie : car selon
nous la matiere considerée dans sa
totalité, n'est placée nulle part; elle
n'est renfermée qu'en elle-même.
Tout nous oblige donc de reconnoître que les corps ne peuvent avoir
d'état déterminé que relativement les
uns aux autres, & qu'ainsi tout mouvement est par lui-même respectif &
réciproque. *B* En

En effet il est évident que dès que Dieu reproduit un corps en le mettant dans une nouvelle situation à l'égard du reste de la matiere, il faut, selon le principe reçû, qu'il reproduise aussi le reste de la matiere, en lui faisant changer de situation à l'égard de ce corps. En sorte que tout ce qu'on peut alors suposer d'un côté, on peut également le suposer de l'autre.

Mais je ne dois pas dissimuler deux difficultés ingenieuses, dont on demande la solution, pour éclaircir davantage la nature du mouvement; voici la premiere : elle est un peu métaphisique. On dit, tout changement de raport semble suposer un changement absolu. Il est sûr, par exemple, qu'aucun raport de grandeur ne peut changer qu'il n'y ait ou une augmentation réelle, ou une diminution effective du côté des quantités comparées; il semble donc aussi que quand les corps changent entr'eux de raports de distance, il doive arriver quelque changement absolu dans leur état. On ne peut pas nier que ce raisonnement n'ait quelque

que chose de spécieux. Cependant en y regardant de près on s'aperçoit aisément que la parité qu'il renferme n'est point exacte, & qu'elle impose. En effet dans un changement de raport de grandeur, on n'a que les quantités comparées, sur quoi puisse tomber le changement absolu qui sert de fondement à la nouvelle rélation; mais dans un changement de raport de distance, si l'on a deux corps qui s'aprochent ou qui s'éloignent l'un de l'autre, on a aussi l'espace qui les separe, & qui par ses extentions & par ses rétrecissemens détermine leurs differens états relatifs. Ainsi ce n'est point du côté des corps, c'est du côté de cet espace qu'il faut chercher le changement absolu qu'on veut trouver dans le mouvement. Représentons nous deux corps éloignés l'un de l'autre; & puis suposons que l'espace par lequel ils seroient separés fût tout d'un coup anéanti : on voit bien qu'alors les deux corps venant à se toucher, changeroient d'état relatif sans que leur nouvelle relation suposât de leur côté aucun changement absolu. On voit aussi qu'il en

se-

seroit de même, si après leur union un nouvel espace créé venoit tout-à coup à les séparer. Or je dis que cela réprésenteroit parfaitement l'état où sont les choses, car la matiere est anéantie pour tout lieu où elle cesse d'être, & elle est créée pour chaque lieu qu'elle vient ocuper ; mais qu'on voulût avoir la cause des differentes relations successives que les corps ont entr'eux, je dis qu'il faudroit la chercher dans l'action de Dieu, qui selon nos principes, tombe à chaque instant sur toutes les parties de la matiere à la fois, & les assujetit à une suite d'arrangemens variés, d'où naissent leurs differens états relatifs.

Venons presentement à la seconde difficulté : Elle tombe sur le mouvement consideré comme réciproque, la voici telle qu'on la propose : que nous nous determinions à changer de situation par raport à nôtre lieu phisique, aussi-tôt nous en changeons ; mais que ce soit nôtre lieu phisique que nous voulions faire changer de situation par raport à nous, l'acte de nôtre volonté n'est alors

suivi

ſuivi d'aucun effet : pourquoi donc cette difference ? d'où peut elle venir ? car enfin ſi le mouvement eſt réciproque, tout doit l'être du côté de ſa cauſe. De pareilles difficultés meritent d'être propoſées ; auſſi meritent-elles d'être éclaircies. Je reponds donc qu'à la verité tout doit être reciproque dans la cauſe qui produit le mouvement ; mais nôtre volonté ne le produit pas ; elle ne peut que l'occaſionner : or toute cauſe occaſionnelle eſt d'une inſtitution purement arbitraire ; & il eſt établi qu'afin que nous puiſſions figurer à nôtre gré avec les parties de nôtre lieu phiſique, il faut que nôtre volonté s'aplique directement à nous.

Au reſte quand des corps changent entr'eux de relation, il ne faut pas croire que ceux du côté deſquels eſt la cauſe du changement, ſoient les ſeuls qui puiſſent être cenſés ſe mouvoir : cela ſeroit bon, ſi les cauſes ſecondes étoient efficaces par elles-mêmes ; car il paroît que ce qui agit par ſa propre vertu, ne peut jamais agir en diſtance ; mais pour nous nous ne connoiſſons dans la nature que de

ſim-

simples caufes occafionnelles, & nous
fcavons qu'il n'eft nullement neceffaire
que ce qui occafionne la détermination d'une caufe réelle, fe trouve du
côté de chacun des fujets fur lefquels
tombe l'effet que produit cette caufe.
Ajoutons à cela que rien ne peut agir
fur la matiere, fans la faire paffer dans
differens états à la fois. Imaginons-
nous, par exemple, que je me trou-
vaffe dans un Bateau, & que pendant que j'avancerois en fuivant l'impreffion que je fupofe qu'il me donneroit, je me déterminaffe à aller de
la Proüe à la Poupe avec une vîteffe
égale à celle que j'aurois en fens contraire : Il eft évident qu'en même
tems que je changerois de place par
raport à mon lieu Phifique, je me
metrois en repos par raport à ceux
qui pouroient me voir du rivage:
c'eft qu'à leur égard ce feroit le Bateau qui fuiroit fous mes pas. Il
arriveroit donc alors que par le même acte de ma volonté, je pafferois
dans deux états non feulement differens, mais qui paroîtroient même
incompatibles, s'ils n'étoient purement ralatifs.

Les

Les doutes que nous pouvons a-
voir fur le mouvement relatif, ne
doivent point nous embaraſſer ; il
nous fera toûjours facile de les éclaircir: mais ce qui peut nous faire de
la peine, ce font nos préjugés. Ce
que nous avons une fois crû, nous
ceſſons difficilement de le croire.
Ainſi jugeons-nous qu'il y a dans les
corps qui font cenſés fe mouvoir quelque choſe de plus que dans ceux
qu'on fupoſe en repos ; nous nous
perſuadons qu'il y a en eux une force qui reſſemble à l'impreſſion fen-
ſible que font fur nous les corps é-
trangers qui rençontrent le nôtre ;
c'eſt-a dire qu'il en eſt à peu près de
cette force comme de la peſanteur
que nous nous figurons être de même nature que l'effort qu'il nous en
coûte pour nous mettre en équilibre
avec les corps que nous voulons fu-
ſpendre : effort, qui cependant ne
peut apartenir qu'à nôtre ame ; mais
nous ſommes accoûtumez à donner
à tous les objets qui nous environnent
des qualités ſemblables aux ſentimens
dont nous ſommes affectés à leur oc-
caſion ; & ce qu'il y a de fâcheux,

B 4

c'eſt

c’eſt que les erreurs des ſens ſont toûjours celles dont il eſt le plus diſficile de revenir. Qui ne conſulteroit que la raiſon, n’auroit nulle peine à ſe perſuader qu’il n’y a point d’autre force dans la matiere que la loi ſelon laquelle ſes differentes parties doivent changer entr’elles de raport de diſtance : c’eſt ce que peut rendre ſenſible une comparaiſon dont j’ai déja fait naître l’idée : imaginons nous deux corps répreſentés dans un miroir, où leurs images après s’être rencontrées, ſe ſepareroient, ou bien iroient de compagnie, conformement aux loix des communications des mouvemens; il eſt clair qu’il n’y auroit ni force ni effort dans tout cela; mais je dis qu’il n’y en auroit pas davantage du côté des deux corps repréſentés, auſquels je ſupoſe qu’arriveroit ce que nous feroient voir leurs apparences.

Une autre ſource d’erreur, c’eſt que d’ordinaire nous jugeons de l’état des corps par raport à la terre qui nous ſert de lieu phiſique; & en cela nous avons tort: car ſupoſons qu’il y eût des Spectateurs dans quelqu’une

des

des Planetes, & que de l'endroit où ils feroient, ils puffent apercevoir les mêmes objets que nous : il eft aifé de comprendre que fouvent ils verroient en repos ce que nous jugerions en mouvement, & qu'ils jugeroient en mouvement ce qui nous paroî.troit en repos.

On ne peut donc, fans fe tromper, juger de l'état des corps par raport à quelque lieu phifique que ce foit. En effet qu'un boulet de canon en obéiffant à l'impreffion de la poudre, ceffât de fuivre celle du tour-billon de la terre ; il eft certain que le boulet dans cet état nous paroî-troit fe mouvoir ; & cela, parce que nous le verrions répondre fucceffive-ment à differentes parties d'une efpa-ce que nous jugerions ne point chan-ger de place ; mais un Aftronome penferoit autrement que nous ; ac-coûtumé à former fon lieu phifique de l'affemblage des étoiles fixes, il jugeroit le boulet arrêté, & fupofe-roit qu'au deffous fe déroberoit la furface de la terre. Or je dis que fa méprife feroit égale à la nôtre ; car ce qu'il regarderoit comme fixe, n'a

B 5

nul

nul caractere de stabilité qui le distingue du lieu que nous ocupons. Nous ne sommes pas sûrs que toutes les étoiles soient toûjours dans la même situation les unes à l'égard des autres; nous pouvons même présumer le contraire; nous sçavons que nôtre Soleil change sensiblement de place dans son tourbillon, & ce n'est, selon toutes les aparences, que l'éloignement prodigieux où les étoiles sont de nous, qui fait que nous ne les trouvons pas sujettes à de parcils déplacemens; mais quand elles conserveroient toûjours entre elles les mêmes raports de distance, je ne vois pas qu'on en pût conclure autre chose, sinon qu'elles se trouveroient dans le cas où se trouvent les parties de tout corps solide; leur repos seroit relatif. On aura donc beau prendre leur assemblage pour le lieu phisique de tous les corps qui sont à la portée de nos sens, nous serons toûjours en droit de regarder ce lieu, comme un corps particulier, capable lui-même de changer d'état par raport à quelqu'autre espace plus étendu, dans lequel, si bon nous semble, nous le su-

suposerons renfermé ; car quelles
bornes peut-on donner à l'Univers?
Ajoûtons à cela que quelque suposition que l'on fasse , l'état d'aucun
lieu phisique ne peut jamais être déterminé : car s'il est vrai, comme je
l'ai déja fait voir, que la masse totale de la matiere ne soit ni absolument en repos , ni absolument en
mouvement , on doit convenir que
quand toutes ses parties se trouveroient dans un parfait repos relatif,
le tout n'en deviendroit pas plus
propre à former un lieu phisique sur
l'état duquel on pût rien statuer.
Ainsi que dans cette suposition un
seul Atome vint à se mouvoir par raport à tout le reste ; on pourroit
dire, si l'on vouloit, que tout le reste seroit en mouvement par raport
a l'Atome : De même en reprenant
le boulet qui, selon la suposition que
j'ai faite, nous paroîtroit aller d'O-
rient en Occident avec la même vitesse qu'un Astronome donneroit à la
terre d'Occident en Orient, on voit
bien que si dans ce cas le boulet rencontroit un autre corps , auquel il
communiquât toute sa vitesse , alors

 l'Astrol'Aſtronome pourroit dire que ce ſeroit ce corps là même qui communiqueroit toute la ſienne au boulet, & qu'après il ne changeroit de raport de diſtance avec les parties de la ſurface de la terre, que parce que la terre continuëroit de ſe mouvoir. Tout cela doit entrer aiſément dans l'eſprit de ceux qui ſont accoûtumés à penſer; ils voyent bien que puiſque le mouvement n'eſt dans les corps qu'un ſimple changement de raport de diſtance, il faut de neceſſité qu'il y ſoit réciproque.

Pour ne nous point tromper, il faudroit que nous ne regardaſſions les differentes parties de la matiere, que comme feroit une pure intelligence ſpectatrice de l'Univers entier, & qui ne ſeroit attachée à aucun lieu phiſique; c'eſt qu'alors, comme rien ne nous ſerviroit de point fixe, nous n'aurions nulle peine à concevoir que tout eſt reſpectif dans le mouvement; je veux dire que nous jugerions, par exemple, qu'on pourroit également penſer que c'eſt la terre qui ſe meut, ou que ce ſont les Cieux qui tournent autour de la terre: toute hypotheſe,

thefe, toute fupofition nous paroî-
troit également fondée: c'eft ce que
femble vouloir nous faire entendre
M. Defcartes quand il nous dit que
le *mouvement eft l'éloigement d'un corps
du voifinage de ceux qui le touchent immediatement , & qu'on regarde comme
en repos.* En effet pourquoi veut-il
que pour juger de l'état d'un corps,
on ne faffe pas attention à ceux qui
font éloignés de lui, comme à ceux
qui lui font immediatement apliqués?
c'eft qu'il arrive fouvent que lorfqu'a-
vec les uns il a des raports de diftance fucceffifs , il en a de permanens
avec les autres. Pourquoi veut-il
encore qu'on fupofe en repos le lieu
exterieur qu'il lui plaît de donner aux
corps qui fe meuvent? c'eft que l'é-
tenduë & la matiere étant une même
chofe, on ne peut admettre aucun
point fixe dans la nature, & qu'ainfi quand les corps ont entre eux des
raports de diftance fucceffifs , *le
mouvement* ne peut être attribué
aux unes plûtôt qu'aux autres que par
fupofition.

C'eft ainfi que raifonnera tout Philofophe exact, & qui fçaura fe ren-

dre maître du principe fondamental
de la nouvelle Philosophie ; car si
l'étendüe créée est la seule qu'on puisse suposer dans la nature, il faut de
necessité convenir qu'un corps ne peut
être, ni en repos, ni en mouvement,
que relativement aux autres corps
dont chacun lui sert de lieu phisique, comme il en sert lui même à
chacun des autres.

Et dans le fond quel autre lieu
pouroit-on raisonnablement donner à
la matiere? que seroit-ce que ces espaces où l'ancienne Philosophie prétend
la renfermer? On auroit assez de peine à le dire ; il est vrai que ceux qui
les admettent essayent de les definir.
Les uns disent que c'est un rien étendu dont les dimentions sont positi-
ves, d'autres que c'est un Estre réel
qui n'est pourtant pas une substance, d'autres que c'est l'immensité
même de Dieu : & tout cela se dit
sericusement ; mais que nous importe? Qu'on définisse comme on voudra l'espace incréé, il restera toûjours à nous faire voir que cet espace existe ; car enfin rien ne manifeste
son existence. On sçait que les Phi-
loso-

lofophes qui fe déclarent pour la ple-
nitude univerfelle , font obligés de
reconnoître qu'ils n'ont jamais aper-
çû que l'étenduë de la matiere ; on
fçait de plus que nulle operation de
le nature n'anonce le vuide ; il feroit
donc inutile de le produire ici contre
nous que quand on fournira fes titres :
peut-être auffi ceux qui l'admettent
ne le font-ils que parce qu'ils font
déja prévenus que l'état des corps doit
être déterminé : car s'il faut que les
corps foient ou abfolument en repos,
ou abfolument en mouvement, il eft
néceffaire de leur trouver un lieu fixe,
& diftingué de la matiere, dont les
parties n'ont nulle ftabilité. Les erreurs fe tiennent comme les verités ;
auffi eft-ce par là qu'il eft aifé de les
reconnoître. On s'affure qu'il n'y a
rien d'abfolu ni dans le mouvement
ni dans le repos, parce qu'il eft ma-
nifefte que l'étenduë fixe qu'on fupofe renfermer les corps, & qui feule
pouroit déterminer leur état, ne peut
être raifonnablement admife de quelque maniere qu'on la conçoive.
En effet vouloir que cette étenduë
foit un néant, ou un rien qui puiffe

fe

se mesurer, & où l'on puisse distinguer des parties de differentes figures ou de differente grandeur, ou
bien vouloir que ce soit un Estre qui
subsiste par lui-même, & refuser en
même tems de le mettre au rang des
substances, ce sont deux opinions
dont on sent dabord le ridicule. Mais
ce seroit bien pis de confondre cette
étenduë incréée avec l'Immensité
Divine : C'est que comme chaque
corps a son lieu particulier, il s'en
suivroit qu'il y auroit en Dieu des
parties distinguées les unes des autres; ce qui le dégraderoit, ce qui
le feroit déroger à sa simplicité.

Attachons-nous à des principes
moins dangereux & plus solides.
Reconnoinssons que tout espace est
espace créé. Ce sera sur ce pied-là
que nous admetrons le vuide : car
comme je l'ai déja dit, le vuide con-
çû sous l'idée qu'on doit s'en former, n'est que la matiere dépoüillée
de qualités sensibles, & reduite à n'a-
voir que ce qu'elle tire de son propre fond. En effet ôtons-en les
couleurs, les sons, les tendances,
en un mot tout ce qui nous en fait
distin.

diſtinguer les differentes parties, que nous offrira-t-elle alors ? une ſimple étenduë, un eſpace diviſible & meſurable.

Il ſemble qu’on ſoit à l’égard du vuide dans le méme préjugé, où l’on eſt à l’égard du temps ; quand on le regarde comme renfermant l’exiſtence ſucceſſive des Etres créés : c’eſt qu’à proprement parler, le tems eſt la ſucceſſion méme atachée à l’exiſtence de la creature : * car le tems a commencé, & il finiroit auſſi dans la ſupoſition que la creature fut aneantie.

De

* On ſe figure par une erreur d’imagination qu’indépendamment de l’exiſtence des creatures, il y a une certaine durée ſucceſſive, qui n’a point eu de commencement, & qui ne peut avoir de fin. C’eſt même de cette durée qu’on forme l’Eternité de Dieu; comme ſi l’Etre infiniment parfait pouvoit éprouver quelque ſucceſſion, lui qui poſſede ſon Eſtre tout à la fois. Ayons des idées plus ſaines, Dieu n’a point été, il ne ſera point, mais il eſt. Pour la creature, elle ne joüit de ſon exiſtence qu’en détail : nous n’exiſtons pas encore pour l’avenir, & nous ne ſommes pour le preſent, qu’en ceſſant d’être pour le paſſé; nous nous ſuccedons continuellement à nous mêmes.

De même on s'imagine que le vuide
est le lieu des corps, qu'il les renferme, quoique les corps & le vuide
soient précisément la même chose:
car l'Univers anéanti, s'il restoit encore quelque lieu, quelque espace,
ce qui resteroit seroit immuable & nécessaire, ce seroit quelque chose que
Dieu ne pourroit détruire, & qui se
déroberoit à sa souveraine puissance:
dépendance fâcheuse de l'idée qu'on
se forme du vuide; aussi cela seul suf-
firoit-il pour nous faire rejetter l'o-
pinion commune. Ne feignons donc
point de reconnoître que tout lieu,
que tout espace est créé; mais ce
principe une fois admis, nous con-
clurons sans peine que les corps se
servant mutuellement de lieu phisique,
il faut que tout mouvement soit par
lui-même respectif & réciproque.

Ce qui devroit faire impression sur
l'esprit de ceux qui défendent le mouvement absolu, c'est l'embaras où ils
voyent que sont les Philosophes,
quand ils veulent déterminer l'état de
chaque corps en particulier. On voit
même que les Défenseurs du vuide ne
sçavent alors comment s'y prendre;
ils

ils ont beau se representer la matiere comme renfermée dans des espaces immobiles, ils n'en sont pas plus avancés pour cela : car comment peuvent-ils connoître la nature des raports que les corps ont avec les parties de ces espaces, sur lesquels nos sens n'ont point de prise ? Comment peuvent-ils s'assurer si ces raports sont permanens ou succéssifs ? Cela ne leur est nullement possible ; mais les nouveaux Philosophes ne sont pas même dans le cas de l'incertitude à cet égard, car dès qu'ils sçavent qu'il n'y a point d'autre étenduë que celle de la matiere ; il est clair que s'ils veulent s'en raporter à leurs propres idées, il faut qu'ils reconnoissent que l'état des corps est non seulement indéterminé, par raport à nous, mais qu'il est encore indéterminable en lui-même.

Je suis sûr qu'il n'y a point de Cartesien dévoüé à l'erreur du mouvement absolu, qui ayant fait cette réflexion, n'ait souvent été tenté de reconnoître un espace distingué de la matiere ; mais l'embaras, c'est qu'on sent bien que si la matiere est autre chose chofe que de l'étenduë, il ne faut plus la reftreindre à n'avoir pour proprietés que des figures & de fimples changemens de raports de diftance, & des lors on n'eft plus en droit de lui refufer ni les forces, ni les vertus, ni les qualités fenfibles dont le Cartefianifme la dépoüille. Il faut même fouffrir qu'on réhabilite les caufes fecondes, les qualités occultes, & les formes fubftantielles: car tout cela peut fort bien être l'apanage de ce qui conftituë l'effence de la matiere, fi la matiere & l'étenduë ne font plus une même chofe. Vous trouveriez à la verité des Cartefiens que cela nembarafferoit pas beaucoup, les idées Philofophiques fe trouvent pêle mêle dans leur efprit; c'eft le hazard qui les y affemble; tout fiftême lié dans fes parties les fatigueroit; ils philofophent commodément; ils reçoivent volontiers les principes qui leur conviennent; mais auffi ont ils foin d'en rejeter les confequences, quand elles ne les accomodent pas. Supofons donc que des Philofophes de ce caractere admiffent une autre étenduë que celle des corps, je foutiens

tiens qu'ils n'y trouveroient pas encore leur compte : car j'ai trop accordé à ceux qui défendent le vuide, quand j'ai dit qu'en admetant un espace distingué de la matiere, ils avoient de quoi caracteriser le mouvement absolu. En effet quand on leur passeroit leur supofition, cela ne les avanceroit de rien : Il est clair qu'afin qu'ils pussent trouver quelque chose d'absolu dans l'état des corps, il ne suffiroit pas que toutes les parties de l'espace auquel ils ont recours fussent dans un parfait repos relatif; il faudroit encore que l'état de l'espace entier fût lui-même déterminé. Mais d'où pouroit venir sa détermination ? Car on convient de ce principe, qu'il ne peut y avoir ni repos ni mouvement sans relation externe, sans raport de distance ou permanent, ou successif : l'espace qui ne feroit pas matiere, feroit donc dans le cas où, selon nous, se trouveroit tout corps particulier qui existeroit feul, & qui n'ayant aucun lieu exterieur aux parties duquel il pût répondre, ne pouroit être dit ni en mouvement ni en repos. Les Carteliens,

ceux

ceux à qui nous avons affaire, auroient donc bien tort de recourir à l'e-
space imaginé par les anciens Philosophes ; ils ne pouroient l'admetre
qu'en pure perte pour eux ; ainsi toute ressource leur manque de ce côté-
là. Jugeons donc où ils en seroient,
si après s'être instruits des raisons qui
nous font déclarer pour le mouvement relatif, ils se trouvoient obligés
à leur tour de nous déveloper leurs
idées, & de nous faire voir sur quels
principes ils prétendent établir le
mouvement absolu. Je crois qu'il y
auroit du plaisir à les suivre : ce seroit un grand hazard s'ils s'accordoi-
ent mieux entr'eux, qu'ils ne s'ac-
cordent avec eux-mêmes. Dispen-
sons-les cependant de s'expliquer,
qu'ils s'en tiennent à des décisions
vagues, autorisées des préjugés vulgaires, & qu'ils ne mettent point au
jour les raisons qui les font décider,
ils n'interessent déja que trop l'honneur du Cartesianisme. Laissons-les
penser à leur maniere. Eh que nous
importe de sçavoir ce qu'ils pensent!
peut-etre ne le sçavent-ils pas eux-
mêmes. N'occasionons point de nouveaux

veaux reproches à la Philosophie de M. Descartes ; nous ne sçaurions menager ses interêts avec trop de soin ; de nouveaux ennemis, mais dangereux, s'élevent pour la combatre, & ceux qui devroient prendre sa défense, sont sur le point de lui échaper. Il se trouve à present moins de Philosophes qu'on ne pense ; nous avons d'habiles gens en tout genre, il est vrai ; mais un talent n'anonce pas toûjours tous les autres. Voyez les illustres Emules des scavans de nôtre nation ; quels progrès ne font-ils pas dans les Arts ? la Geometrie semble n'avoir rien de caché pour eux, tout paroît soumis à leurs calculs ; mais écoutés les philoso-pher, vous ne les reconnoissés plus ; ce ne sont plus les mêmes hommes. C'est que dans la recherche des verités abstraites, l'esprit est entierement abandonné à lui-même, nulle voye mechanique ne peut alors le conduire, tout lui fait même obstacle, s'il n'a la force de s'élever au dessus des impressions sensibles, & de se dé-poüiller des préventions qu'il confond avec les notions communes, &

qui

qui semblent lui être inspirées par la nature même. Aussi ceux que les idées metaphisiques n'acomodent pas, sont ils en sûreté; ils ne doivent point craindre que les principes abstraits, qu'on opose à leurs préjugés, puissent prévaloir dans l'esprit du commun des hommes. Pour les préventions que favorisent les sens & l'imagination, elles sont toûjours bien recûës; elles obtiennent aisément les suffrages, & de ceux qui ne scavent rien, & de ceux qui ne sont que scavans; ils faut s'y attendre, ce mal est necessaire; mais ce qu'il y a de plus fâcheux, c'est que la science même sert souvent de passeport à l'erreur. Un homme aura de meilleurs yeux que les autres; il aura épié avec perseverance ce qu'il y a de delié dans les operations de la nature, & ce qui communément doit échaper; en voilà assez pour lui faire obtenir un titre; il s'en prévaut, il decide, & souvent au hazard; il n'importe; on se rend à ses décisions, le prejugé est pour lui; c'est-à dire que parce qu'il a mieux vû que les autres, on croit qu'il scait mieux pen-

penſer. Des gens par un travail aſſi-
du ſe ſeront rendu familiers certains
caractères ſimboliques, ils ſcauront
les ranger & les combiner ſuivant les
regles invariables de leur Art; ſi le
hazard veut que dans leur chemin
ils rencontrent quelque ſingula-
rité dont on ne ſoit pas encore inſtruit; en voilà aſſez pour les mettre en credit; qu'ils parlent bien ou
mal, & ſur ce qu'ils voudront; leur
nom décidera, ſi la raiſon n'eſt pas
pour eux.

Ceux qui exercent leur eſprit ſur
des ſujets palpables, ont un grand
avantage, ils ſurprennent aiſément
l'eſtime & la confiance des perſonnes
dont les lumieres ſont renfermées dans
la Sphere des idées ſenſibles, je veux
dire qu'ils ne peuvent guéres man-
quer d'avoir un grand nombre d'a-
probateurs: on eſt intereſſé à faire
valoir en eux un merite auquel on ſe
flate de pouvoir ateindre; les aprou-
ver, c'eſt s'eſtimer ſoi même; ainſi
tout leur eſt favorable; & avec des
talens ſouvent mediocres, ils ont le
bonheur d'être plus de miſe qu'ils ne
le ſeroient avec de rares qualités.

C

Pour

Pour nous ne soyens point les dupes des préventions vulgaires, songeons qu'il est toûjours aisé d'aprendre, il n'en coûte que de le vouloir : Aussi combien voyons-nous de gens, de qui l'on pouroit dire qu'ils sçauroient tout, s'il ne leur manquoit de sçavoir penser : mais le malheur, c'est que l'elevation du genie n'est pas toûjours le fruit de la science. Il est vrai qu'il y a des Arts qui aident d'esprit dans ses operations, & qui, pour ainsi dire, le fertilisent, & lui font produire tout ce qu'il peut tirer de son propre fond ; du moins faut-il convenir que la Geometrie lui procure cet avantage : ses methodes lui présentent les raports de toutes les idées ausquelles il est en état d'atteindre ; elles le conduisent, elles le guident dans ses démarches ; mais malgré cela nous ne voyons que trop qu'élles ne lui donnent ni plus de force, ni plus d'elevation ; la facilité de s'élever au dessus des idées sensibles & des conceptions communes, est toûjours un présent de la nature. Heureux qui se trouve favorisé de ce côté-là ! mais plus heureux encore celui

celui qui ſur un genie élevé ente un
eſprit geometrique ! il peut tout ſe
promettre, & nous devons tout attendre de lui. Où M. Deſcartes n'a-t-
il pas porté ſes vûës, conduit par
ce double eſprit ? car ne lui reprochons plus l'obſcurité affectée qu'il
jette ſur la nature du mouvement ; il
s'explique aſſez pour qui veut l'entendre, * rendons-lui juſtice ; c'eſt
de lui qu'on tient le mouvement relatif & reciproque. C'eſt auſſi de lui
C 2
que

* Il dit Article 24. 2. Partie de ſes principes, comme une choſe en même tems change
de lieu & n'en change point, de même nous
pouvons dire qu'en même tems elle ſe meut &
ne ſe meut point ; & plus bas Article 29. il
(le mouvement) eſt reciproque ; & nous ne ſçau-
rions concevoir que le corps A B ſoit transporté
du voiſinage du corps C D que nous ne ſçachions
auſſi que le corps C D eſt transporté du voiſinage du corps A B, & qu'il faut autant d'action pour l'un que pour l'autre, tellement que
lorſque nous verrons que deux corps qui ſe touchent immediatement, ſeront transportés l'un
d'un côté & l'autre d'un autre, & ſeront reciproquement ſeparés, nous ne ferons point difficulté de dire qu'il y a autant de mouvement en
l'un qu'en l'autre. J'avouë qu'en cela nous
nous eloignerons beaucoup de la façon de parler
qui eſt en uſage.

que nous tenons toutes les verités abstraites qui dissipent les erreurs de nos
sens, & celles de nôtre imagination.
Nous n'avons présentement que le
merite de nous prêter à ses lumieres:
Ayons de la reconnoissance; il nous
épargne un travail qui peut-être seroit au dessus de nos forces.

Il est certain que la Geometrie a
dabord contribué à la naissance de la
Philosophie Cartesienne ; ajoûtons
qu'elle a aussi servi à son etablisse-
ment : Pourquoi donc, par un fâcheux retour, en arrête-t-elle à present les progrès? C'est que nos Geo-
metres se renferment tellement dans
leur Art, que leur esprit ne trouve
plus de prise à ce qui se dérobe à leur
imagination. Ce n'est pas tout, ils
tombent dans un abus qui les conduit nécessairement à l'erreur ; ils
font des supositions pour se mettre
en état de suivre plus aisément leurs
methodes, & leurs regles ; mais leurs
supositions sont elles faites ? Ils les
réalisent, & les donnent pour des
principes : veulent-ils, par exemple,
faire mouvoir les corps librement?
Ils les regardent comme renfermés
dans

dans un espace degagé de la matiere,
& puis ils tirent de là qu'il y a du
vuide dans la nature, ou du moins
qu'il y en peut avoir. Si quelquefois, pour éviter d'entrer dans des dif-
çutions inutiles, ils supofent de la
pefanteur, de la force, & des tendances dans les corps, auffi-tôt ils en
concluent que tout cela doit s'y trouver à titre de qualîtés réelles. Ils s'y
prennent de même par rapport à l'é-
tat de la matiere; ils le déterminent
d'abord par fupofition, & le regardent après cela comme abfolument
determiné. On void bien qu'en voilà plus qu'il n'en faut pour les engager à profcrire le Cartefianifme dans
fon entier; car n'en détachât-on qu'-
un feul principe, il faudroit que tous
les autres tombaffent d'eux-mêmes;
mais cette dépendance mutuelle de
toutes fes parties n'eft pas ce qui fait
fon moindre merite.

Au refte les fupofitions qu'on ne
donne que pour ce qu'elles font, ont
toûjours leur utilité; elles foulagent
nôtre imagination en fixant nos idées.
Les operations phifiques demandent
fouvent qu'on en faffe, & alors c'eft

aux plus simples qu'on doit s'attacher. Ainsi que je vouluſſe faire des experiences pour juſtifier les loix du mouvement, je commencerois par ſupoſer la terre en repos; car autrement je ne pourrois avoir que des mouvemens compliqués, dont l'examen fatigueroit plûtôt l'eſprit qu'il ne l'éclaireroit. Mais ſi je voulois établir le Siſlême du monde; je ferois le contraire; je ſupoſerois la terre en mouvement; c'eſt que le jeu mechanique des parties de l'Univers en deviendroit plus facile à ſuivre, & puis cette ſupoſition fourniroit même plus d'uniformité. Car dès qu'on fait mouvoir les Planettes, pourquoi une ſeule ſe trouveroit-elle exceptée? Mais avec tout cela je ne ferois que des ſupoſitions, & ſi je prenois les plus commodes : c'eſt que rien ne m'obligeroit abſolument à leur donner la préférence.

En effet quelque ſupoſition qu'on voulût faire, on trouveroit toûjours un mechaniſme, qui s'ajuſteroit parfaitement aux loix des communications des mouvemens, à celles que l'experience nous a fait découvrir.

Il

Il est vrai que toutes autres loix se fussent continuellement démenties dans les differens états, où peuvent être supolées les differentes parties de la matiere, comme je le ferai voir dans une dissertation qui suivra de près celle-ci, & peut-être paroîtra t-il étonnant qu'entre une infinité de loix possibles que Dieu pouvoit choisir, supolé que le mouvement soit quelque chose d'absolu, son choix soit justement tombé sur les seules que pouvoit comporter l'hypothese du mouvement relatif. Si cette hypothese est fausse, l'erreur est trop favorisée.

Mâis il me reste à examiner ce qui peut produire le mouvement, & de quelle maniere il se communique ; deux questions, dont voici ce me semble la resolution : on void d'abord que le principe du mouvement ne peut se trouver dans les corps, qu'il ne doit point être mis dans le rang de leurs qualités; car toute qualité est necessairement attachée à quelque sujet particulier. Or puisque le mouvement est toûjours respectif & réciproque, il s'ensuit que quand deux

corps

corps changent entr'eux de raports de distance, la vertu motrice n'est pas plus la qualité de l'un que la qualité de l'autre, & qu'ainsi elle n'est la qualité ni de l'un ni de l'autre. Le principe du mouvement est donc un principe general, il ne faut donc le chercher que dans la volonté toute puissante d'un Estre superieur, qui range à son gré toutes les parties de l'Univers, & qui met entr'elles tous les raports que bon lui semble.

De là il suit qu'un corps n'en peut mouvoir un autre, il ne peut que lui occasionner du mouvement ; mais comment lui en occasionnera-t-il? on croiroit d'abord que pour le découvrir il seroit nécessaire de consulter l'experience ; car toute occasion physique semble n'être determinée que par une institution purement arbitraire. Cependant regardons y de près, nous nous apercevrons bien-tôt que la rencontre des corps peut seule être la cause de la distribution du mouvement, du moins s'il faut que cette cause soit generale. En effet suposons qu'il y eût une loi par laquelle tous les corps dûssent ou s'ati-

rer

rer ou se repousser en se présentant
simplement les uns aux autres; il est
clair que comme l'attraction ou l'ex-
pulsion seroit reciproque de toute
part, tout demeureroit en équilibre,
& qu'ainsi le mouvement seroit détruit par la loi même, selon laquelle
nous voudrions qu'il se communiquât.

On void donc présentement ce que
c'est que le mouvement, quelle est
sa cause, & comment il se communique. Je sçais que des reflexions
differentes des miennes vont paroître
sous les auspices de l'Académie des
Sciences, & qu'elles seront revêtuës
de son Jugement. Je scais même que
les Juges nommez par cette Académie ont décidé que le mouvement
tel qu'il est dans les corps mûs est
autre chose qu'un simple changement
de raport de distance, ce qui for-
mera peut-être un préjugé contre
mon Sistême. Mais outre que d'illustres Académiciens se sont decla-
rés pour le mouvement relatif, j'a-
prens que les mêmes Juges ont aussi
prononcé en faveur de l'efficace des
causes secondes. Ainsi ce ne sont plus
des Cartesiens qui sont chargés de

 nous

nous inftruire, ce font des Difciples
ou d'Ariftote ou d'Epicure : leur jugement ne fera donc loi que pour
ceux qui font encore attachés aux
principes de l'ancienne école.

Peut être fera-t-on un peu furpris
que l'Academie * paroiffe préfentement fe déclarer contre le nouveau
Siftême philofophique, contre un
Siftême que de grands hommes (des
hommes rares) ont défendu avec tant
d'avantage, & fous fes propres yeux.
Peutêtre auffi penfera-t-on qu'il ne
falloit pas tant d'apareil pour décider
que l'état de la matiere eft déterminé, & que les corps mûs ont en eux
une force réelle ; car c'eft là l'opinion du commun des hommes, je dis
même de ceux qui font difpenfez de
refléchir ; mais pour moi je croirai,
fi l'on veut, que Meffieurs les Juges

ne

* Il eft fâcheux que l'Academie paroiffe
refponfable de ce qui n'eft que le fait de quelques Particuliers : c'eft qu'il eft conftant que
la piéce qu'elle va nous donner ne lui a été
communiquée qu'aprés le Jugement porté, &
même juridiquement prononcé. Ainfi à la rigueur rien ne l'oblige d'adopter les opinions
que ce Jugement favorife.

ne sont revenus aux sentimens populaires qu'à force de refléxions. Ceux qui ne pensent point du tout, & ceux qui pensent beaucoup, se rencontrent quelquefois au même point, & c'est ainsi que les extrémitez se touchent.

AVIS.

ENFIN nous avons la piéce qui a remporté le premier prix de l'Academie des Sciences. L'Auteur, pour mieux resoudre les trois questions proposées par cette Académie, commence par démontrer que l'espace & la matiere sont une même chose; que le corps est une substance étenduë, & que cette substance est l'étenduë même: Ensuite il pretend faire voir, 1°. Que les causes secondes peuvent produire du mouvement dans la matiere : 2°. Que le mouvement est l'état actif d'un corps qui parcourre un espace: 3°. Que tout corps mû ayant en lui-même une activité réelle doit par sa propre vertu mouvoir ceux qui s'opposent à son passage. Je suis donc

C 6 obli-

obligé de me dédire ici : on doit préfumer que Meſſieurs les Juges tiennent encore à l'idée fondamentale de la Philoſophie moderne ; mais ils reçoivent les conſequences des principes de l'ancienne école. Exemple ſingulier d'une neutralité parfaite.

ADDITION.

Ce qu'on nomme force ou effort dans la matiere, n'y doit point être regardé comme un principe de mouvement.

Si la force produiſoit le mouvement comme cauſe veritable, le mouvement qu'elle produiroit lui ſeroit toûjours proportionné ; car tout effet répond toûjours exactement à ſa cauſe : or nous voyons ſouvent dans la matiere des effets diſproportionnés à la force qui paroît les produire, & je le prouve.

Je ſupoſe que le corps *m* * ſoit parti du point *A*, & qu'il rencontre obliquement le corps *n*, j'unis leurs centres de gravité par la ligne *H G*, prolongée juſqu'en *B* où tombe la per

* *Voſes Fig.* 12. 13. 14.

perpendiculaire tirée du point *A*:
on voit alors que le corps *n* doit être
frapé par *m* de la même maniere
qu'il le feroit, si *m* étoit parti de *B*.
Maintenant je coupe la ligne *BG* au
point *C*, ensorte que *BC* soit à *CG*
comme *m* est à *n*; & puis je prens
GD égale & parallele à *AC*, & sur
la ligne *BH* prolongée du côté de *H*,
je prens *HF* égale à *BG*; il est évident que ces deux lignes doivent exprimer & la vîtesse & la direction
des deux corps après leur rencontre:
Or à cause de la proportion *HF* † *n*
est égal à *CG* † *m*: donc le mouve-
ment après le choc voudra $\underline{AC \dagger CG}$
† *m*, au lieu qu'avant le choc il ne
valloit que *AG* † *m*: donc on aura
dans ce cas une force primitive d'où
naîtront deux mouvemens differens
qu'on ne poura supposer lui être pro-
portionnés. Mais on peut aller plus
loin. Imaginons-nous que *m* & *n*
après le choc vinssent aussi à rencontrer obliquement deux autres corps,
& que ceux-ci en rencontrassent encore d'autres de la même maniere,
il est clair que de pareilles rencon-
tres infiniment multipliées produi-

roient

roient un mouvement infini ; un mouvement qui ne tiendroit plus rien de la limitation de sa premiere cause. De-là je conclus que *ce qu'on nomme force ou effort dans la matiere, n'y doit point estre regardé comme un principe de mouvement.*

Une réflexion un peu prématurée, mais que je ne puis me défendre de faire ici, c'est qu'il est étonnant que dans la nécessité où l'on est de réparer la perte des mouvemens contraires, personne ne se soit encore avisé de l'expedient dont je viens de faire naître l'idée. Nous voyons même que la plûpart de nos Phisiciens cherchent encore à ranimer la nature par le moyen de la force élastique, comme si le jeu du ressort ne dépendoit pas des loix communes du mouvement, & de l'action d'une matiere insensible, reduite elle même à la condition des corps dont nos sens sont frapés, & sujets aux mêmes pertes. Mais en matiere de phisique on n'y regarde pas toûjours de si prés. Il est vrai qu'on veut bien avoüer que les frotemens & la ténacité des parties du ressort causent necessairement des

non-

non-valeurs dans sa force, & le mettent ainsi hors d'état de reparer tota-
lement les pertes de la nature. Aussi
veut-on que Dieu ait soin d'imprimer
de tems en tems un nouveau mouvement à la matiere, à peu près comme un Ouvrier entendu qui sçait à
propos retoucher à son ouvrage, si
quelque chose vient à s'y démentir.
Du moins est-ce-là ce que pense l'Il-
lustre M. Neuton; c'est qu'il n'a pas
voulu s'apercevoir que les loix simples des communications des mouvemens fournissent elles-mêmes une
ressource contre les inconveniens aus-
quels elles sont sujettes.

F I N.

EXAMEN

DE LA

DISSERTATION

DE

Mr. DE GAMACHES.

J'ai d'abord lû la dissertation de Mr. de Gamaches avec un grand plaisir : Il m'a parû qu'il écrivoit en homme de condition, qui a été élevé & qui vit dans le grand Monde. C'est un avantage que nous n'avons pas dans nos petites Villes. On dit même que ceux qui ont du goût s'apperçoivent de la difference d'un Provincial d'avec un Parisien, moi même j'ai crû quelquefois, de la remarquer. La fecondité d'imagination & la legereté de stile s'acquiert tout autrement par le commermerce de ceux qui en ont, que par la lecture de leurs Livres. D'ailleurs on permet à ceux qui vivent dans le centre du Royaume des expreſſions nouvelles & des tours hardis, qu'on eſt obligé de ſe défendre, quand on écrit en Province, & à plus forte raiſon quand on écrit en pays étranger. J'ai ſenti plus d'une fois cette contrainte & j'en ai éprouvé les mauvais effets. Je ſuis quelquefois obligé d'uſer d'une circonlocution qu'une phraſe nouvelle, ou qu'un ſeul terme nouveau, mais clair & expreſſif, m'auroit épargné. Le ſtile en devient tantôt lâche & tantôt peſant, & l'Imagination, laſſe d'être rebuttée, ſe rallentit; elle ceſſe de fournir des traits vifs dès qu'ils ont été ſouvent rejettés. Nous n'oſons pas même hazarder une expreſſion métaphorique, que nous n'avons point vûë ailleurs. Cependant nous voyons tous les jours des Livres qui plaiſent par ces endroits là, pourvû qu'ils plaiſent auſſi par d'autres. Je ſentois donc avec plaiſir que le feu de Mr. de Gamaches m'en donnoit à moi même; & je profitois de ſes

avan-

avantages resolu resolu de me rendre
de bon cœur à la verité. Cependant comme je me sentois encore
dans l'obligation d'examiner son ouvrage sans aucune espece de préjugé,
soit pour m'instruire moi même, au
càs qu'il me donnât de quoi corriger
mes idées, soit pour les defendre,
au cas qu'il les attaquât par des raisons specieuses, mais peu solides, j'ai
redoublé mon attention à une seconde lecture; mais j'ai trouvé par ci
par là du vuide dans les expressions &
beaucoup plus de grand dans les termes que dans le sens. Le plaisir n'a
pourtant pas laissé de m'éblouir une
seconde fois : Je ne me suis rendu
maitre de ce que ses tours ont de se-
duisant qu'à la troisieme fois que je
l'ai lû. Il releve adroitement ce qui
fait à son avantage, il meprise ce qui
l'incommode : Il semble qu'à tous
ces égards c'est la verité seule qui lui
dicte ses expressions, elles s'echapent
en foule de son esprit plein de lumiere : des maximes ne lui manquent
jamais dans le besoin? Tantôt il commence, tantôt il finit une perio-
de, par une reflexion qui a tout l'air
d'une

d'une Regle de Logique , & qui quelquefois encor en a le merite : Il fouille dans le fond des coeurs, il developpe de quelle maniere ceux qui ne penſent pas comme lui, n'ont pas ſû ſuivre la lumiere, ou a-prés l'avoir ſuivie pendant quelques pas, n'ont pas la force de continuer, mais retombent dans les idées vulgai-res, & vienent à reprendre les pre-jugés pour leurs guides. Quand donc je me ſuis ſerieuſement appliqué à le lire pour y répondre , je me ſuis trouvé dans un nouvel embarras. A-prés bien des preparations je n'ai pû decouvrir que trés peu de preuves; *Apparent raræ nantes in gurgite vaſto.* Il me paroit que dès qu'on aura levé l'équivoque des termes *d'abſolu*, de *relatif* & de *reciproque*, qu'il repete ſouvent; comme ſi ce qui n'eſt d'a-bord que la ſimple expoſition d'une hypotheſe, en devenoit une preuve dés qu'on la reïtere & qu'on ne fait que la reïterer : Aprés, dis-je, avoir levé cette équivoque , je crois que ſon hypotheſe tombera. Mais au lieu de detacher quelques moreaux de ſon Diſcours , je lui de-

demande la permiſſion de l'examiner de ſuite.

Quelque Probleme de Phiſique qu'on propoſe à reſoudre, je conviens qu'il faut commencer par s'aſſurer des faits ſur leſquels il roule : Mais de là il ne ſuit pas qu'il ſoit neceſſaire de diſcuter les ſophiſmes des Pyrrhoniens & de diſcuter leurs doutes réels ou affectés. Dés qu'on travaille en Phyſique, on doit ſuppoſer les tenebres des Pyrrhoniens ſuffiſamment diſſipées. Mr. de Gamaches, qui a fait ſa principale étude de penſer juſte & conſequemment n'a garde de ſoupçonner que tout ce qu'il a penſé ſur le Mouvement doive étre mis au rang des rêves, & que les Academîciens, dont il ne paroit pas content, nexiſterent jamais, &c. Il eſt perſuadé qu'il a écrit, quil a fait imprimer ſa copie, il eſt perſuadé qu'on la lira, & il ne ſe trompe point encore s'il ſe perſuadé qu'elle eſt ſi bien écrite, que je ne laiſſerai pas de lire avec un trés grand plaiſir les endroits même où il penſe autrement que moi. Mr. de Gamaches doute auſſi peu quil y ait eu un
Deſcar-

Descartes & qu'il en ait lû les ouvrages avec admiration, il en doute aussi peu, dis-je, que de sa propre existence.

Mr. de Gamaches est encore trop fait à l'habitude de penser pour ne remarquer pas aisement d'ou vient qu'il est si fort persuadé de tout ce que je viens de dire : Il n'a pas oublié de quelle maniere Descartes vint à decouvrir le caractere de la certitude. Ce grand homme, après avoir fait tous ses efforts pour douter, s'apperçut par la même qu'il doutoit, qu'il pensoit, & qu'il lui etoit impossible de ne s'en appercevoir pas. Attentif à ce sentiment, il se trouva entrainé à en conclure son existence ? *Je pense : Donc je suis ;* ce fut là sa premiere conclusion certaine ; Il chercha ensuite la cause de cette certitude, & elle se fit sentir avec la même clarté que cette conclusion : Il reconut qu'on ne pouvoit s'empêcher de se rendre à une évidence qui force dés que l'on veut s'y rendre attentif, & dés là il resolut de croire sans aucun doute, dans tous les cas où son esprit attentif sen-

sentiroit la force victorieuse de l'evidence.

Nous avons une idée de l'Etenduë; la plus legere attention suffit pour nous en convaincre: Il nous est aisé de nous representer cette Etendue, dont nous avons l'idée, comme si en effet elle existoit reellement: si cette existence étoit impossible, il nous seroit de même impossible de nous la representer: L'Etendue peut donc exister; nous sommes forcés d'en convenir.

Nous avons de même une idée trés claire d'une portion d'Etenduë que nous comparons avec d'autres portions; nous avons une idée trés claire de ce que nous exprimons par le mot de situation: Nous concevons avec la même clarté differens rapports de distance; nous concevons qu'ils demeurent les mêmes; nous concevons qu'ils se changent; l'attention & la bonne foi ne nous permettent pas de douter de tout cela.

A un homme qui me diroit, Je comprens tout cela, mais je souhaiterois de m'assurer si les Corps existent effectivement, comme je me
sens

sens un certain penchant à le croire, ou si rien n'existe que les idées qui les représentent & qui se succedent l'une à l'autre chés moi : A un homme qui me parleroit ainsi, je demanderois à mon tour si, au cas que les Corps existassent, ses idées pourroient être plus nettes, plus suivies qu'elles ne le sont, & s'il pouroit avoir d'autres preuves de leur existence que celles qu'il a; Je lui demanderois quelle preuve il souhaite de plus; je lui demanderois quelle clarté il manque encor à sa persuasion; je le prierois de reflêchir sur tout ce que sa memoire lui fournit. Je suis assuré qu'en se rendant de bonne foi attentif à cette enchainure d'idées & de sentimens il lui seroit impossible de conserver le moindre doute.

Pour ce qui est des Qualités sensibles du chaud, du froid, des couleurs, qui nous paroissent dans les Corps, nous sentons qu'il est en nôtre pouvoir de croire qu'elles n'y sont pas; il ne nous est pas même possible de nous les représenter comme des proprietés de l'Etenduë, même dans de certains états, & nous avons encore divers-

verſes preuves que ce ne ſont que les
apparences : Mais l'exiſtence des
Corps, qui ſe preſente non ſeulement
ſous ces apparences, mais encor avec
d'autres proprietés qui convienent
parfaitement à leur nature, & dont
les ſuites ſi conſtantes & l'enchainure, ſi parfaitement liée demontre
la realité, l'exiſtence de ces Corps
devient & demeure hors de doute.
Mais, dit on, nous ne les voyons
pas immediatement, par conſequent
nous en pouvons douter. Si ce raiſonnement étoit ſolide, il nous ſeroit
impoſſible de nous aſſurer de quoi
que ce ſoit que de l'exiſtence de nos
idées & des liaiſons que nous apper-
cevrions entr'elles : En vain Dieu lui
même feroit impreſſion ſur nous, le
ſentiment de cette impreſſion ſeroit
toujours l'objet immediat de nôtre
penſée & de nôtre conoiſſance; car
Dieu ne peut pas être nôtre propre
ſentiment, nôtre propre perception,
& quand une Intelligence, abuſant
de ſa liberté, prendroit plaiſir à l'objection que je viens de propoſer Dieu
ne pouroit pas la convaincre de ſon
exiſtence qu'en detruiſant ſa liberté:
au

au moins à cet égard, & en anean-
tiſſant chés elle l'effet de cete objection.

Si nous voulons nous rendre attentifs aux penſées que nous ſentons immediatement, & de l'exiſtence deſ-
quelles il ne nous eſt pas poſſible de
douter, elles nous apprendront que
leur ſucceſſion, leur ſuite ſi regulie-
re & ſi conſtante, a une cauſe réelle : En la cherchant il nous vient
dans l'eſprit que des corps exiſtent,
dont nos idées nous apprenent l'exiſtence, les poſitions differentes & les
impreſſions ſur le nôtre, & l'impuiſſance où nous nous trouverons de douter de la realité de ces impreſſions,
en nous rendans bien attentifs ſur leurs
ſuites, nous apprendra que nous ſommes nés pour les croire, nous apprendra que nous abuſons de nôtre
Raiſon & que nous renonçons à nôtre deſtination, quand nous nous de-
robons à l'efficace naturelle de cete
ſuite, & que nous nous refuſons à l'e-
vidence qui en nait.

Il n'eſt pas poſſible dit-on encor,
de voir un corps en deux endroits
differens à la fois, car on ne ſauroit

D

voir

voir ce qui est impossible. Cela posé il est evident qu'on ne voit pas un
corps changer de place, on le voit
dans une & on se souvient qu'on là
vû dans une autre. Pour conclure
de là qu'on ne peut être assuré que
les corps se meuvent, il faudroit qu'
on n'eut aucune certitude que du
present, il faudroit qu'on n'en eut
absolument aucune du passé ; Mais
qui est-ce qui , s'il veut parler de
bonne foi , n'est tout aussi assuré d'a-
voir lû la page qu'il vient de quitter,
qu'il est assuré de lire celle qu'il a sous
ses yeux.

Dans la supposition d'un sceptique,
que Mr. de Gamaches se divertit à
proposer. Quand un Càrosse vous paroit être trainé par des Chevaux & parcourir une longueur de cent toises,
peut être que ce Carosse & ces chevaux demeurent dans la même situation ; peut être même n'y a-t-il ni
Chevaux ni Carosse, & vous prenés
pour un Carosse & ses Chevaux les
differentes parties de cet espace de
cent toises qui se presentent successivement à vous sous cete forme. Mais
puisque celle qui s'est ainsi presentée
re-

reprend d'abord sa premiere apparence, qu'une suivante quitte celle qu'elle avoit, pour se presenter à moi sous
une nouvelle, il faut qu'il se fasse,
dans chacune de ses parties des mouvemens qui ramenent tour à tour
sous mes yeux des proprietés differentes. Aprés m'être longtems pro-
mené dans une allée je suis las; je demande qu'on m'apporte un fauteuil:
Ce n'est pas mon valet qui se remue
pour l'aller chercher; l'air prend
successivement les apparences de mon
valet, qui s'eloigne de moi; il reprend ensuite les apparences de ce
même valet, qui revient chargé de
mon fauteuil; qui me soutient & où
je me place à mon aise. Je n'ai pas
plutôt dit qu'on l'emporte, que cet
endroit d'étendue, qui avoit eu la
complaisance de prendre la figure &
les proprietés d'un fauteuil, les quitte dés que je n'en ai plus besoin, &
j'ai le plaisir de voir qu'un long
espace perd encor successivement
toutes ses apparences & se présente
à moi sous toutes celles d'un fauteuil, pour me procurer la satis-
faction de croire qu'on m'a obéi.

 Quoi-

Quoique je fois trés perfuadé que Mr. de Gamaches eft fort éloigné de propofer ferieufement ces objections de les croire capables de faire impreffion fur l'efprit de fes Lecteurs, & que je fois encore plus éloigné de faire la moindre impreffion fur le fien & dy jetter le moindre doute, je n'ai pas laiffé de les refoudre tout comme fi on les avoit ferieufement propofées: Peut être a-t-il voulu voir de quelle maniere on s'y prendroit pour y repondre, au cas qu'un Pyrrhonien les propofât; Si en cela Mr. de Gamaches m'a eu en vûe, je me ferois des reproches fil m'arrivoit de negliger quoi que ce foit de tout ce qu'il peut fouhaiter de moi.

A ces reponfes qu'il me foit permis d'ajoûter une reflexion fur la fcience de penfer que Mr. de Gamaches eftime par deffus toutes les autres, comme cela paroit par divers endroits de fon ouvrage. Je dis donc que, comme favoir étudier, ce n'eft pas pouvoir s'abandonner avec une application infatigable à toute forte de lectures, ni remplir fes cahiers de toute forte de reflexions; mais c'eft

fa-

savoir étudier par ordre, c'eſt ſavoir faire choix des matieres dans les Livres
qu'on lit, ceſt refuſer ſes yeux & ſon attention à ce qui ne la merite pas ; c'eſt
mettre a part le ſolide, en charger u-
niquement ſa memoire, ſans l'embaraſſer outre cela, en lui ordonnant de retenir des écarts déſprit & des verbia-
ges : Comme encore ſavoir aimer,
ce n'eſt pas abandonner ſon coeur à
un fond de ſenſibilité & ſe livrer ſans
diſcernement à tout ce qui peut a-
muſer un coeur oiſif & ſenſible ; mais
c'eſt avoir du gout pour ce qui merite de l'affection, c'eſt ſavoir a pla-
cer, c'eſt n'avoir pas ſeulement beſoin de a refuſer à ce qui n'en eſt pas
digne, parce que ce qui n'eſt pas
digne de l'occuper n'y fait pas d'impreſſion. De même ſavoir parfaitement penſer, ce n'eſt pas avoir u-
ne fecondité infinie, une vivacité à
faire naitre les objections les plus
éloigneés de toute vraiſemblance,
une promtitude à ſen ſaiſir, une dex-
terité à les faire valoir ; c'eſt au contraire avoir un fond de bon gout
& une ſolidité de jugement, par où
non ſeulement on ſoit en état de

diſcer-

discerner ce qui est vrai d'avec ce qui
ne l'est pas, une preuve convaincante
d'avec une foible ; mais qui previen-
ne même la naissance des idées trom-
peuses ; de ces vraisemblances qui é-
éblouissent & qui ne meritent pas
qu'on s'y arrête. Il en est de celui qui sait bien penser comme de
celui qui sait bien parler ; l'un & l'autre n'ont plus besoin de faire des
choix, ils n'ont que faire de rejetter des expressions louches & de corriger des conclusions embarassées,
une heureuse habitude est cause
qu'il ne leur vient rien de tel dans
l'esprit.

Pour expliquer les phénomènes de
la Nature, c'est à dire, pour devenir Physicien, il faut savoir conjecturer. Il en est, dont l'esprit va
aussi vite que les yeux, ils n'ont pas
plutôt apperçu un effet qu'ils en devinent quelque cause : Quelques-uns
abandonnent leurs conjectures avec
autant de legereté qu'ils les forment ;
mais quelques uns aussi s'obstinent
à soûtenir tout ce dont ils se font
une fois saisis, tout ce qu'ils ont eu
le plaisir de conjecturer. Mais il en
est

est d'autres dont l'esprit non seulement ne s'arrête point à de legeres conjectures, il ne leur arrive pas même de les former ; elles perdent, pour ainsi dire, l'habitude de naitre dans un esprit qui les a souvent rejettées ; ils s'en sont fait une de penser avec tant d'ordre & de circonspection que, tout ce qui n'approche pas de pouvoir soûtenir un examen severe est un neant pour eux, ils ne s'en appercoivent pas. Pourquoi donc nous abandonnerions nous, en commençant une recherche de Physique, à des legeretés qu'un Physicien ne doit pas se permettre? Il est trés dangereux en Physique d'avoir trop de complaisance pour les abstractions, elles nous éloignent trop de la vûe des choses mêmes ; elles nous accoûtument à des expressions vagues, & par là même a des équivoques qui peuvent aisement devenir des sources d'erreurs.

Tels sont les termes *d'Actif* & de *Passif* ; ils sont vagues, ils s'appliquent differemment, & quelquefois l'on croit de s'en servir juste quand on prend lechange. L'Etendue est un

être

être paffif de lui même, propre à recevoir des impreffions, á devenir ce que Dieu veut qu'elle deviene, capable de recevoir des modifications, mais incapable de fe les donner. Par là on eft en droit de conclure que toute portion d'etendue qui eft en repos, y demeurera eternellement fi quelque caufe ne lui fait changer d'etat.

Mais on ne peut pas également conclure que cete Etendue, qui n'eft point active par elle même, ne fçauroit la devenir par le moien de quelque Caufe capable de l'élever jusques là : On ne peut pas conclure, dis-je, qu'elle ne puiffe recevoir, & dés là poffeder une activité qu'elle ne peut pas fe donner elle même. Un bloc détendue en repos ne fe mettra jamais de lui même en mouvement: Mais fi la volonté efficace de l'Etre Tout-puiffant, ordonne que ce bloc fe mette en mouvement, s'il ordonne qu'il applique fa furface à celle des Corps qui l'environnent, dés lá voila ce bloc dans un état agiffant & dans un état actif, c'eft une realité que le Mouvement a par

deſſus le Repos, & M. Deſcartes,
pour n'avoir pas fait aſſés d'attention
à cete verité, regardant le Repos
comme un état auſſi réel en tout
ſens que le Mouvement, a poſé ſur
le choc des Corps des regles qui ſont
fauſſes, à les regardet même avec
toute l'abſtraction qu'il demande dans
cet endroit la à ſes Lecteurs. J'avouë
que, ſi par l'activité d'un Corps
qui change de place, qui applique
ſucceſſivemant ſa ſurface, on entend
autre choſe que ce Corps même dans
cet état là, c'eſt à dire, que ce Corps
changeant ſa ſituation, ce Corps appliquant ſa ſurface, ſi on ſuppoſe,
ſi on cherche à s'imaginer je ne ſai
quelle vertu infuſe, quelque ſouffle
caché, quelque choſe enfin de ſemblable à ce que nous ſentons, & nous
exprimons par les termes de tendan-
ce d'effort, termes qui renferment
tôujours, pris à la lettre & appliqués aux hommes, quelques ſentimens & quelques deſirs, j'avoue,
dis-je, que traitter les Corps en
mouvement, de Corps actifs en ce
ſens là, c'eſt leur prêter ce qui eſt
en nous & ce qu'ils n'ont pas.

Quand

D 5

Quand Mr. de Gamaches dit qu'a-
vec la diversité des figures on ne peut
attribuer à l'Etendue que de simples
changemens de rapport de distance, cete derniere expression est encor équivoque; car un rapport de
distance, ou la distance d'un Corps
d'avec un autre, la mesure de son é-
loignement, se change en deux manieres, ou si vous voulés en trois;
1°. Le Corps *A* peut être seule cause, dans l'ordre des Causes secondes,
de ce changement de distance, c'est
lui qui s'approchera du Corps *B*. 2°.
Il se peut que le Corps *B* soit le seul
qui s'approche du Corps *A*. 3°. Ils
peuvent tous deux contribuer à leur
changement de situation; le Corps
B se portera vers le Corps *A*, & reciproquement le Corps *A* vers le
Corps *B*, & cela en differentes manieres, car en s'approchant l'un de
l'autre, ils peuvent parcourir des
longueurs inegales; & une preuve
sûre que ces cas là sont trés differens,
c'est que, en posant toujours les masses égales, il en resulte des effets fort
differens dés qu'elles viendront à se
toucher. Il y a bien de la difference

ce entre ce qui arrive quand une maſſe tombe ſur l'autre, & ce qui arrive quand elles ſe choquent reciproquement l'une l'autre, & ces chocs ont encore de differens effets, ſuivant les longueurs que chacune a parcouru en s'approchant l'une de l'autre.

A l'ideé vague d'un rapport de diſtance changé répondent donc diverſes manieres determinées d'executer ce changement. Les idées de Dieu ſont des idées determinées, & comme il ne ſe peut qu'il ordonne à un Corps de ſe mouvoir & qu'il veuille efficacement qu'un Corps ſe meuve, ſans vouloir en même tems & ſans determiner ſa direction & ſa viteſſe; Quand deux Corps ſont éloignés l'un de l'autre & en repos, & qu'il veut faire ceſſer cét éloignement, il ne ſe borne pas à vouloir en general que cet éloignement ceſſe; mais, puis qu'il peut ceſſer en diverſes manieres, il determine celle qui, de ſimplement poſſible, doit devenir actuellement exiſtante.

Mr. Gamaches écrit admirablement bien; j'aime tout à fait à le lire dans les endroits même où il combat mes idées: Je parle sincerement, quand je parle ainsi: Mais j'avouerai avec la même sincerité, que je ne l'entens pas également par tout. Il pretend que la matiere, depouillée de tout ce qui en distingue ou en caracterise les differentes parties dans leur situation (car, dit-il un peu auparavant, c'est à quoi se reduisent toutes les qualités que nous savons surement y appartenir) il pretend, dis-je, que cette matiere ainsi depouillée de Figure & de Mouvement, devient précisement ce que le commun des Philosophes designe par le mot de *Vuide*. Mais ces deux pretentions me paroissent trés differentes. Une Matiere qui n'est point partagée en parties qui ayent chacune leur Figure & où il n'y ait aucun Mouvement, présente une vaste masse qu'on ne peut s'empêcher de se representer comme dure; au lieu que les partisans du Vuide designent par ce mot une vaste étendue qui cede avec une infinie facilité.

Mr. de Gamaches traite, aussi bien que moi, des matieres fort ab-

ftra-

ftraites; mais il a l'habileté d'y mêler
non feulement diverfes penfées inte-
reffantes par elles mêmes & par la
maniere dont il les exprime, mais
de lier ces reflexions à fon fujet, en
les faifant fervir d'élegantes tranfiti-
ons. On en lit de cete nature dans
les pages fuivantes.

„ Tout eft mafqué pournous dans
„ la Nature: L'Univers eft un fpec-
„ tacle où tout nous fait illufion,
„ & ce qu'il y a de fâcheux, c'eft
„ que la premiere forme fous laquel-
„ le nous le voyons, fait en quel-
„ que maniere l'unique regle de nos
„ jugemens. Dans l'enfance il nous
„ femble que l'efpace qui nous fepa-
„ re des Corps celeftes, eft un grand
„ vuide, qui peut fe mefurer & qui
„ a des parties; mais nous ne pre-
„ nons point cela pour de la matie-
„ re: Nous voyons que l'air qui
„ nous environe agite fouvent les
„ Corps fenfibles, & puis il nous
„ paroit qu'il a du reffort &c.

„ Ce font prefque toujours les fa-
„ vans, ceux qui le font de profeffi-
„ on, qui retardent le plus le pro-
„ grés des fciences: Ils ne veulent

 rien

,, rien apprendre de leurs Contempo-
,, rains; il en couteroit à leur vani-
,, té: Ceua dont ils font trop proches
,, leur font ombrage; & puis le mo-
,, yen de recommencer à penfer fur
,, nouveaux frais? On veut jouir de
,, ce qu'on a aquis, & quand une
,, fois on a fa provifion didées, on
,, cherche à fe repofer; on a trop de
,, peine à defapprendre; ceux qui
,, ne favent encor rien en ont moins
,, a s'inftruire. Auffi la Philofophie
,, de M. Defcartes ne commença-t-
,, elle à s'accrediter que quand les
,, favans deja formés commencérent
,, à faire place à ceux qui fe formo-
,, ient. Il ne jòuïr point du fruir
,, de fon travail; la verité ne triom-
,, pha que par le zêle de ceux qui le
,, fuivirent; il ne fut pas témoin du
,, deshoneur de ceux qui l'avoient
,, combatue; carles faux favans fu-
,, rent degradés: Quel nom en effet
,, leur refte-t-il parminous?

Il donne encor une nouvelle preuve de fon habileté & de fon élegance dans les pages fuivantes, où il fait
l'apologie de M. Defcartes. Il l'ad-
mire dans ce qu'il dit, quand je le
re-

regarde comme un Panegyriste; Mais ce qu'il pose ne me paroit pas assés prouvé pour m'y rendre, & pour reconoitre, à cet égard, dans Des cartes un Philosophe circonspect : Cétoient les Theologiens que Mr. Descartes avoit à ménager & qui le gênoient toujours davantage : Mais ce n'ètoit point par ses hypotheses sur le Mouvement qu'il pouvoit avoir quelque chose à demêler avec eux, à cet égard il étoit parfaitement libre. Il a erré dans les Regles qu'il a donné sur le choc des Corps, parce qu'il les a établies sur l'hypothese que le Répos étoit aussi réel que le Mouvement. Et ce n'est point par Politique & pour s'accommoder aux prejugés, qu'il avoit eu la complaisance de parler ainsi.

Mr. de Gamaches nie que le Mouvement soit un état absolu : Je ne l'ai jamais regardé comme tel, & je ne crois pas qu'on puisse le regarder ainsi, désqu'on y apportera une raisonnable attention. On peut par abstraction parler du mouvement d'un Corps sans faire une attention précise & expresse à la nature de ceux qui l'enviro-
nent,

nent, mais toujours est il absolument necessaire de comparer au moins en gros, une Etendue que l'on conçoit en mouvement, avec celle le long de laquelle elle se meut. Mais de ce que le Mouvement, consideré dans ce sens là, ou encore dans quelque autre, est un état relatif de sa nature, on ne peut pas conclure que les termes avec qui on compare un Corps en mouvement se meuvent aussi bien que lui. Il est des rapports d'égalité, mais il en est aussi d'inegalité. Aucun Etre, quelque absolu qu'il soit, ne peut porter le nom de Cause que par rapport aux effets qu'il produit. De toute éternité Dieu pouvoit être Cause, mais il ne l'a été absolument que quand sa puissance s'est déployée & qu'elle a produit des effets. L'état de Cause est donc un état relatif, un état de rapport à ses effets: Mais s'ensuit il de la que ce qu'on dit d'un de ces termes se doive également dire de l'autre? L'effet agit-il sur sa cause de la même maniere que la cause agit sur son effet? Il en est de même sur le sujet du Mouvement. Une proximité qui n'a-

voit

voit pas lieu vient à exister, non parce que le corps *B* s'approche du corps
A, mais parce que le corps *A* s'approche du corps *B*. Il ne faut point
penser à renverser le langage ordinaire, quand les idées qu'il nous fournit
n'ont rien que de juste, car c'est alors
la Nature toute pure qui nous parle.
Je suis malade, & j'appelle un homme qui est à l'extremité de ma chambre. Il ne peut pas me servir dans
cét éloignement, je le prie de s'approcher, & on voit bien que je serois
ridicule si je lui disois, Faites en sorte que je m'approche de vous: Il
pouroit s'imaginer que je rêve & que
je le prierois de tirer mon lit à lui.
*Mais qu'y a t-il dans une boule qui
roule vers un but de plus que dans
ce but lequel cete boule s'approche continuellement, & qu'elle vient enfin à
toucher? Quy a t-il de plus? Eſt ce une
QUALITÉ INTIME?* A cela je ne
puis lui repondre, car je ne sai pas
ce que ces termes signifient. Si, par
Qualité intime, on entend un certain
je ne sai quoy qui soit different de l'E-
tenduë & tout autre chose qu'elle
même dans un certain état, je n'admets

mets point cete Qualité intime.
Quelle difference donc y a-t-il entre
le corps *A* qui se meut vers le corps
B, & le corp *B* vers lequel il se meut?
La difference saute aux yeux : Le
corps *A* est celui qui s'approche, &
le corps *B* est celui vers lequel il s'approche ; d'eloignés qu'ils étoient ils
devienent contigus, mais sans que *B*
ait rien fait pour cela : C'est *A* qui a
agi & s'est situé successivement. Supposons qu'il n'y a encor aucun Mouvement : Les corps *A* & *B* sont eloignés l'un de l'autre.   Dieu veut qu'-
ils soient contigus ; pour cet effet il
peut ordonner au premier de se porter vers le second, & au second de
se porter vers le premier, ou a tous
deux d'aller à la rencontre l'un de l'autre.   S'il ordonne simplement que le
corps *A* quittera la proximité de l'E-
tenduë qu'il touchoit immediatement,
qu'il s'éloignera d'elle & qu'il s'approchera de *B*, qui ne voit que c'est
A qui change d'état & que *B* n'en
change pas? *B* ne s'éloigne d'aucun
terme, mais *A* s'éloigne de l'Etenduë qu'il touchoit, pour parvenir à
toucher *B*. Cete supposition ne pre-
sen-

sente rien de chimerique, elle ne presente rien que de trés possible, rien
qu'on ne conçoive trés distinctement
& trés clairement. On peut donc la
faire, & elle n'est point hors de propos, puisqu'elle sert à éclaircir l'é-
tat de la Question. Pour faire une
supposition possible, le secours d'u-
ne Revelation n'est point necessaire:
D'ailleurs quand on en demanderoit,
il ne faudroit pas l'aller chercher bien
loin, elle est toute prête, & il n'y a
point de Chrêtien qui n'attribue à
Dieu l'arrangement de la Matiere.
La Raison enfin le prouve, car puisque le Mouvement n'est pas essen-
tiel à la Matiere, & quelle ne peut
pas se le donner, il faut qu'elle l'ait
reçu d'une intelligence. Mr. de
Gamaches se divertit donc quand il
traitte ceux qui eclaircissent la Question du Mouvement par cete supposition, comme s'ils étoient des En-
thousiastes, & qu'il paroit ne se porter à y repondre que par un excés de
complaisance pour leur foiblesse &
leur cerveau attaqué. Examinons ses
reponses. Dans la premiere il établit que *Dieu, appercevant tout d'u-*

ne simple vûe, sa volonté s'applique directement à tout ce qu'elle opere.
Certes Mr. de Gamaches est bien tôt las de sa complaisance ; il veut qu'un pauvre Enthousiaste, dont il vient de se moquer, se paye de six mots de reponse. Eclaircissons la pourtant, nous en verrons l'insuffisance. Puisque Dieu voit tout d'une simple vûe & que le but est present à ses yeux, tout comme la boule, sa volonté s'applique aussi directement sur le but, pour l'approcher de la boule que sur la boule pour l'approcher du but. C'est visiblement supposer ce qui est en question, & il est trés évident que s'il suffit que Dieu ordonne à la boule de s'approcher du but, pour faire que ces deux corps, d'éloignés qu'ils sont, devienent contigus, il ne commandera pas au but de s'approcher de la boule. Si telle étoit sa volonté, ces deux corps se rencontreroient par des mouvemens opposés, & leur choc suivroit les regles de ce cas là.

Il ne faut pas une grande attention pour voir que Mr. de Gamaches se tire en habile homme d'un mauvais

pas

pas : Son Difcours découvre en lui une vafte capacité, & il n'eft pas feulement Philofophe, il eft Orateur; il vient de juftifier Defcartes en éloquent Panégyrifte. Préfentement il fent la force d'un objection, mais il la diffimule, il la méprife, il n'y veut repondre que par un excés de condefcendance. Cependant fa reponfe eft une *petition de principe*. Mais afin qu'on ne s'en apperçoive pas, il s'exprime obfcurement, & en fi peu de mots qu'il ne laiffe pas a Son Lecteur le tems de s'arrêter fur fa reponfe. Ne pouroit-on point lui appliquer ce qu'il vient de dire fur M. Defcartes, & penfer qu'il s'eft deguifé a lui même la force d'une reponfe qu'il vouloit deguifer aux autres?

On a d'autant plus de peine à fe refufer à cete conjecture qu'on fçait par la legereté du ftile de Mr. de Gamaches, que les expreffions ne lui coutent pas & qu'il fait s'etendre autant qu'il le trouve à propos.

„ On infifte & l'on dit que, „ quand ces fortes de changemens „ s'operent, la volonté de Dieu s'ap„ plique directement à de certains „ corps

„ corps pendant qu'elle n'eſt appli-
„ quée qu'inderectement aux au-
„ tres. Si je detaille ici une pareil-
„ le objection, on me doit pardonner;
„ il faut bien donner quelque choſe
„ à la reputation de ceux qui la font:
„ Je dois les ſervir à leur mode, &
„ ſi je ne le faiſois pas, peut être
„ s'en feroient-ils un titre pour au-
„ toriſer leurs préventions. Je ré-
„ pons donc que ce que diſent ceux
„ qui philoſophent ainſi, ne peut
„ au plus étre regardé que comme
„ une ſimple hypotheſe, dont ils
„ n'ont nul droit de ſe prévaloir. Ils
„ devinent, à moins qu'ils n'ayent
„ ſur ce point quelque révelation qui
„ nous manque: Je dis de plus que
„ ce qu'ils veulent que nous croyions
„ ſur leur parole, ou ſur la foi de
„ leurs prejugés, eſt injurieux à la
„ Divinité: Ils humaniſent Dieu
„ dans ſes operations. Nous, par-
„ ce que nous ſommes bornés & que
„ nous n'operons rien comme cauſes
„ veritables, nous pouvons vouloir
„ qu'un Corps change de rapport de
„ diſtance avec un autre, ſans appli-
„ quer nôtre volonté, ſans même
„ ſi-

„ fixer nôtre esprit à tous les diffe-
„ rens raports qui naissent du chan-
„ gement que nous voulons operer.
„ Mais il n'en est pas ainsi de Dieu ;
„ nous devons croire qu'il appercoit
„ d'une simple vûe tout ce qu'il fait,
„ & que sa volonté s'applique directe-
„ ment à tout ce qu'elle opere : Et
„ puis çe n'est point du tout là ce
„ dont il est question presentement.
„ Il ne s'agit point ici de la cause
„ du Mouvement, il s'agit de sa na-
„ ture ; il s'agit de savoir si le Mou-
„ vement consideré en lui même
„ suppose quelque *qualité intime* dans
„ les Corps qui sont censés se mou-
„ voir : Mais on voit bien que c'est
„ ce que les Philosophes modernes
„ n'auroient garde d'admettre ; ils
„ dementiroient l'idée qu'ils nous
„ donnent eux mêmes de la matiere.
„ Il ne faut ni vouloir se tromper de
„ gayeté de coeur, ni pretendre nous
„ donner le change.

Sans doute il s'est apperçu lui même de la rapidité avec laquelle il passe
sur cet endroit : Aussi s'est-il justifié
en insinuant que l'objection porte à
faux. *Il ne s'agit point de la Cause,*

il s'agit de la Nature du Mouvement.
Mais il est aisé de lui repondre qu'on
ne remonte à sa Cause que pour en
expliquer sa nature, & cete methode est trés fondée : Une chose n'est
que ce que sa cause à fait qu'elle fût.
Je veux savoir s'il est aussi vrai que
le but s'approche de la boule comme il est vrai que la boule s'approche du but, & si l'état d'un de ces
Corps, est précisément le même que
l'état de l'autre, pour ce qui est de
leur mouvement.

Cete objection me paroit trés facile à resoudre, car je pousse la boule contre le but, mais je ne pousse
point le but contre la boule.   Oh !
vous n'êtes qu'une Cause Occasionelle , & il n'est pas necessaire que
l'acte de vôtre volonté se termine sur
tout ce qui en doit resulter, en cou-
sequence des Loix établies par le
Createur. Eh bien ! soit, remontons
à la Cause premiere, puisque l'argument de la Cause seconde vous paroit
insuffisant. On me force d'en venir
là, & puis on me repond. *Vous sup-*
posés, vous devinés. Avés vous des Re-
velations ? On ajoute ; *Il ne s'agit pas*

de

de la Cause du Mouvement, il s'agit de sa Nature. Je le repete, la nature d'une chose se dévelope souvent par l'attention qu'on fait à sa Cause. L'action de la Cause qui produit le Mouvement tombē-t-elle également sur le Mobile qui s'approche & sur le terme dont il s'approche? La volonté suprême ordonne-t-elle également & au Mobile de s'approcher du terme, & au terme de s'approcher du Mobile?

„ Il est manifeste, continue Mr.
„ de Gamaches, que chercher ce
„ que c'est que le Mouvement, c'est
„ chercher ce qu'il est dans les Corps
„ mêmes, c'est chercher quel est
„ l'effet de la Cause motrice, quelle
„ qu'elle puisse être, & de quelque
„ maniere qu'on la suppose deter-
„ minée. Du propre aveu de Mr. de Gamaches, on va à *decouvrir la nature du Mouvement, par l'attention qu'on fait à sa cause.*
„ Mais, ajoute-t-il, dés qu'on re-
„ conoit que cet effet n'est, dans la
„ matiere qu'un simple changement
„ de rapport de distance, on est o-
„ bligé de convenir qu'il n'y a rien
E
„ que

„ que de relatif & de reciproque
„ dans ce qui conſtitue la nature du
„ Mouvement.

Le changement de diſtance eſt *relatif*: Donc il eſt *reciproque*. Si, par *reciproque* on entend que le Corps *A* & le Corps *B* vont l'un contre l'autre, cela ſera vrai quand la cauſe du Mouvement s'eſt appliquée ſur tous deux, pour leur faire changer d'état, pour les rendre *déplaçans* & s'appliquans ſucceſſivement. Mais cela na pas lieu lors que la proximité qui ſuccede à l'eloignement, arrive parce que l'un des deux ſeulement s'applique avec ſucceſſion à la ſurfa-ce qui l'environne.

On demande encor, *Qu'eſt-ce que la Cauſe du Mouvement met dans le Mo-bile?* Cette expreſſion peut conduire à une idée peu juſte, car on cherche-roit à s'imaginer ce qui n'eſt point, ſi l'on ſuppoſoit que la Cauſe du Mou-vement met dans le Mobile je ne ſai quoi qui s'y gliſſe, qu'elle y ſouffle & qui approche d'être une ſubſtance, quoi qu'il ne le ſoit pas. J'aimerois donc mieux demander, Qu'eſt ce que la Cauſe du Mouvement fait, afin qu'un

qu'un Corps ceſſe d'être en repos ?
Et alors je repondrai qu'elle fait que
ce Corps applique ſucceſſivement
ſa ſurface à la ſurface qui l'environne.
Voila de qu'elle maniere un Corps
paſſe du Repos au Mouvement, &
voila qu'elle eſt la nature du Mouvement.

Il me ſemble que je m'exprime a-
vec aſſés de clarté pour être en droit
d'emprunter les paroles de Mr. de Gamaches, & de dire aprés lui. Tout
„ faux fuyant ſeroit inutile ici, &
„ même il ſiéroit mal à des Philo-
„ ſophes de bonne foi de vouloir ſau-
„ ver une mépriſe aux depens de ce
„ qu'ils doivent a l'évidence. Ce
ſont là de ces reflexions que Ciceron
appelle *Communes*, & que deux An-
tagoniſtes peuvent également attacher
à leurs preuves, quoi que ce ne ſoit
pas avec un droit égal : C'eſt à leurs
Juges à en decider.

Dans les pages ſuivantes Mr. de
Gamaches pretend établir que l'i-
dée du Mouvement abſolu ne peut
avoir lieu que dans la ſuppoſition de
l'Eſpace vuide, lieu naturel & eſſen-
tiel des Corps & different de l'Eten-

duë Corporelle. J'ai dêja dit que je ne savois pas me former d'idée d'un Mouvement absolu; c'est, autant que je suis capable de le concevoir, un état relatif: Mais, pour être relatif, il n'est pas toûjours reciproque, c'est à dire, il n'est pas tellement relatif qu'il n'y ait de la difference entre l'état d'un corps qui applique sa surface successivement & l'état de ceux le long desquels celui ci applique la sienne.

„ La masse totale, dit-il, de „ la Matiere ne peut être ni en „ mouvement ni en repos; car qui „ dit repos ou mouvement dit, com-„ me on en convient, relation à „ quelque chose d'exterieur. Or que „ pouroit-on supposer au de là de l'E-„ tenduë? Mais si l'état de la masse „ de la matiere, n'est point deter-„ miné, celui de ses parties ne peut „ l'être non plus, l'un est une suite „ necessaire de l'autre.

J'ai rapporté les propres paroles de Mr. de Gamaches, de peur qu'on ne m'accusât d'avoir changé sa pensée ou d'avoir affoibli son argument, si je l'avois exprimé de mon mieux & dans mes propres termes. J'avoue que

je

je n'ai pas compris parfaitement les
fiens: Si c'eft pour lui une preuve de
la fuperiorité de fon genie, c'eft un
plaifir que je ne veux point troubler,
& je me fais bon gré de le lui avoir
fait. Voici mes idées fur ce dont il
me paroit parler.

On ne peut pas, fans fe contredi-
re, pofer qu'une Etenduë à qui l'on
ne veut donner aucunes bornes, applique fa furface fucceffivement ou fans
variation, à la furface de ce qui l'environne. Mais fi l'on ajoute, Donc
ce qu'on ne peut attribuer à cete E-
tenduë, qu'on fuppofe immenfe, on
ne peut l'attribuer à aucune de fes
parties, C'eft tout comme fi l'on di-
foit, Puis qu'on ne peut affigner aucune figure à une Etenduë fans bornes, les portions finies de cete Etenduë ne fauroient non plus être termi-
nées par aucune figure.

Je continuerai à rapporter les paroles de Mr. de Gamaches. „ Ce
„ n'eft pas tout, dit-il, car les Corps
„ fe fervant mutuellement de lieu
„ exterieur, la determination de leur
„ état doit auffi être mutuelle: Ain-
„ fi quand ils changent entr'eux de

E 3

„ rap

„ rappors de diſtance, le Mouvement
„ eſt neceſſairement reciproque, &
„ ne peut être attribué aux uns plutôt
„ qu'aux autres que par ſuppoſition.

Un exemple rendra peut être ce raiſonnement plus intelligible, mais peut être qu'en même tems il en fera plus evidemment ſentir l'inconſequence. Pendant qu'un valet de chambre tient la manche d'un juſt'au corps étenduë, ſon Maitre peut y faire couler ſon bras, & pendant que le Maitre tient ſon bras étendu, ſon valet peut faire gliſſer la manche de ſon juſt'au corps le long de ſon bras: Dans l'un & l'autre de ces cas, dans le premier, comme dans le ſecond, la manche ſe meut tout comme le bras, & le bras tout comme la manche. Je ſai bien que c'eſt là l'hypotheſe de Mr. de Gamaches; mais je vois auſſi que ce qu'il en allegue pour preuve n'eſt qu'une pure petition de ſon hypotheſe même, & c'eſt ce quon appelle dans l'Ecôle en termes moins elegans que ceux dont il ſe ſert, *Petition de principe.*

„ Tout cela ſuit neceſſairement des
„ principes que j'ai d'abord établis,
„ &

„ & qu'on sait être le fondement de
„ la nouvelle Philosophie.

Lors qu'un Metaphysicien, aprés
s'être abandonné à ses idées abstraites
& en avoir tiré consequences sur consequences, est enfin parvenu à quelque conclusion extrêmément paradoxe, plus les consequences par ou il y
est venu sont liées entr'elles, plus le
principe, d'où elles coulent toutes, lui
doit être suspect & l'engager à une re-
vision tres attentive & tréscirconspecte.

Dans les pages suivantes Mr. de Gamaches s'égage à faire des paralleles
entre les demi Cartesiens & les Phy-
siciens de l'ancienne Ecôle, entre ceux
qui pensent juste par hazard & ceux
qui' pensent juste pour savoir raisonner consequemment. Mais si les
preuves qu'il allegue en faveur de son
Mouvement relatif, sont solides, elles le sont independamment de toutes ces remarques, & si ces preuves
ne sont pas justes, toutes ces reflexions retombent sur leur Auteur. Ce
sont là de ces ornemens par où les
Avocats embelliffent leurs plaidoyers;
mais ils ne sont rien moins que dans
leur place quand il s'agit d'une discus-
sion de Physique.   Je

Je suis Mr. de Gamaches de plus prés qu'il m'est possible & avec toute l'attention dont je me trouve capable, pour ne laisser échapper aucune des preuves par où il pouroit m'éclairer & me convaincre. Dans ce dessein, parvenu à me de ses pages je me flatte d'y en trouver *dont avec un peu de justesse d'esprit je pourai aisement mappercevoir.* C'est ce qu'il me fait esperer, & c'est un avis charitable par où il reveille l'attention d'un Lecteur qui pouroit être distrait ou nonchalant. Mais je n'y trouve rien qu'une repetition de ce qu'il a dit, & pour repondre, je n'ai qu'à rappeller moi même ce que je viens de dire sur l'equivoque du terme *d'absolu,* quand on l'applique au Mouvement, & sur le tort qu'on a de confondre le terme de *relatif* avec celui de *reciproque.* Mais je veux bien m'arrêter encore sur le nouveau tour qu'il donne à sa preuve : Pour éviter toute équivoque, je l'énoncerai ainsi. Pour concevoir que le Corps *A* s'approche du Corps *B* sans que le Corps *B* s'approche du Corps *A* & se meuve aussi vers lui, dit Mr. de

Ga

Gamaches, il faut ou attribuer au Corps *A* une force qui n'eſt pas dans le Corps *B*, ou ſe figurer que le Corps *A* s'applique ſucceſſivement aux differentes parties d'un eſpace different de la Matiere. Voici ma reponſe. Si, par cete force qui doit être dans le Corps *A* plutôt que dans le Corps *B*, on entend je ne ſai quelle qualité infuſe, je ne ſai quelle qualité qui ſoit ſubſtance ou approche de lêtre, quelque choſe de ſemblable à ce que nous ſentons chés nous & que nous deſignons par le terme déffort, je ne conçois & je n'admets rien de tout cela. Mais ſi, par une force qui ſe trouve dans le Corps *A* ſans ſe trouver dans le Corps *B*, on entend un état, une maniere d'être, une maniere d'appliquer ſa ſurface, je conçois que le Corps *A* âpplique ſa ſurface ſucceſſivement, ce que ne fait pas le Corps *B*.

Mais pour cela, ajoute-t-on, il faut neceſſairement ſuppoſer un eſpace different de la Matiere, aux differentes parties duquel le Corps *A* applique ſa ſurface ſucceſſivement. Point du tout, car on peut conce-

E 5

voir

voir qu'il l'applique succeſſivemênt le long d'une concavité qui l'embraſ-ſe, & ſi la ſurface du Corps *A* eſt parfaitement polie, cete concavité à laquelle il S'pplique ſucceſſivement, pourra être la ſurface d'un corps trésdur.

Suppoſons une Intelligence qui ait reçu du Createur le pouvoir de mettre en mouvement les Corps par l'efficace de ſa volonté. Une ſeringue eſt affermie dans un mur par le moyen d'un cilindre ſoudé à ſa ſurface extérieure: Cette Intelligence ordonne que le piſton applique ſucceſſivement ſa ſurface convexe le long de la concavité de la ſeringue. Afin que cete volonté ait ſon effet, eſt-il neceſſaire que la ſeringue ſe meuve elle même contre le manche du piſton? Elle ne peut ſe remuer ſans ſe detacher du mur, ou ſans que le mur ſe remüe avec elle, & avec le mur tout le ſol ſur lequel il eſt affermi. Aprés cela on peut ſuppoſer que le manche de la ſeringue eſt affermi à ſon tour dans le mur & que le Corps de la ſeringue applique ſucceſſivement ſa ſurface concave le long de la convexité du piſton. On peut enfin concevoir que

que ces deux parties sont libres, &
que les deux mouvemens qui vienent
de se faire l'un aprés l'autre se font en
même tems. On est obligé d'user de re-
dites pour repondre à des repetitions.

Je laisse tant que je puis tout ce
qui ne fait pas à mon sujet. Dans
les pages qui suivent ce que je viens
dexaminer, on trouve du pathetique,
des exhortations, des censures, un
zéle vif & tendre pour le Cartesianisme, des mouvemens de pitié ac-
compagnés d'indignation pour ceux
qui ne savent pas être vrais Cartesiens,
& pour finir au moins en Physicien
cette declamation, on dévelope la
cause de leur meprise. Le grand nom
„de Descartes nous a entrainés à pro-
„fesser sa doctrine, mais nous n'a-
„vons pas eu assés d'esprit pour y bien
„entrer ; sa lumiere n'a pas dissipé
„toutes nos tenebres; nous n'avons
„pas sû nous rendre propres toutes ses
„idées; elles ne font chés nous que
„par emprunt ; nous ne sommes point
„faits à les manier; elles nous fati-
„guent, & après quelques efforts pe-
„nibles pour nous élever, nous som-
„mes las & nous tombons dans nos

E 6   „ pro-

,, propres idées, qui sont celles des pré-
,, jugés. Mais si les preuves de Mr. de
Gamaches ne sont pas demonstrati-
ves, s'il n'y à qu'à lever l'équivoque
des termes pour découvrir le foible
de son systême, Mr. de Gamaches
aura eu le plaisir de se moquer de
nous par avance, mais peut être que
tous ses Lecteurs ne s'en moqueront
pas.　　Tout ce que je puis lui dire
c'est que je ne lui sai point absolument mauvais gré de ses saillies; Je
les ai lues plus d'une fois, & toujours,
je l'en assure, avec un nouveau plaisir.　　Aussi n'ai-je garde de les examiner de plus prés; je me contente
de hazarder encore cette remarque,
c'est que, comme un bon Protestant
c'est celui qui suit les principes du
Protestantisme, qui ne croit rien sans
l'avoir examiné, & qui en lisant les
Theologiens, dont il fait le plus de
cas, separe toujours ce qu'il trouve
solidèment prouvé d'avec ce qui ne
lui paroit pas établi avec la même e-
vidence:　　De même un vrai Cartesien c'est celui qui imite de plus prés
le courage & la liberté de ce grand
homme, & qui, pour mieux suivre
son

fon exemple, ofe examiner aprés lui, feparer de fa Philofophie ce qui n'eft pas affés jufte pour lui faire honeur. Il eft certain que Mr. Defcartes n'avoit jamais borné fes vûes à donner les premiers principes de la Phyfique ; il ne fe propofoit pas moins que de déveloper la machine de l'Univers & d'entrer dans le détail de fes plus petits refforts. On conçoit qu'un fi grand deffein qu'il avoit à coeur, ne lui a pas permis de s'arrêter fur tous les principes qu'il avoit pofé, autant qu'il lui auroit été neceffaire. Les grans genies fe font quelque fois, illufion, & cela d'autant plus aifément qu'ils fentent leurs forces. Mr. Defcartes voloit à l'explication des grands phénomenes ; ils avoient plus d'attraits pour lui que les premiers principes; il ne fe défioit point de lui même fur des matieres fi fimples. Aprés avoir conçu que le Repos étoit une maniere d'être réelle, il paffa précipitament à attribuer aux Corps en repos autant de force pour refifter qu'il en donnoit aux Corps en mouvement pour detruire le repos. Il

eta-

etablit là deſſus des Loix bien liées entr'elles & avec leurs principes. Cette enchainure lui fit plaiſir & l'attacha toujours plus à ſon ſyſtême. Il ſentoit pourtant que cete parité de force n'etoit pas ſans difficulté : Une idée ſe préſenta qui lui parût répandre ſur cete parité quelque vraiſemblance. Qui dit Mouvement dit changement dans le rapport de diſtance. Le changement eſt reciproque : On peut donc attribuer au Corps qu'on dit être en repos autant de reſiſtance que ſi on le concevoit ſe porter par un mouvement oppoſé contre celuy qui va le frapper. Il ſe défit par là d'une difficulté, mais il s'en défit avec precipitation & ſans remarquer qu'il n'étoit pas d'accord avec lui même.

Si l'on admet l'hypotheſe Carteſienne de Mr. de Gamaches, dès qu'il y a eu dans l'Univers un mouvement, pour petit qu'il ait été, tous les corps ont ceſſé d'être en repos, puiſqu'il n'y en a eu aucun dont le rapport de diſtance n'ait changé par rapport à celui là. Que devient donc l'idée du Repos ? C'eſt une idée chimerimerique qu'on ne peut appliquer à aucun sujet, & quand Descartes dit que, pour se former une idée du Mouvement, il faut se representer les Corps avec les quels on compare le Mobile comme des Corps en repos, il dit qu'il faut se les representer dans un état où ils ne sont point, & par conséquent qu'il faut s'en former une idée fausse.

Dira-t-on que, pour se former une idée du Repos applicable à des objets qui y repondent exactement, il faut se representer l'Univers comme une vaste étendue, où il ne sést encore fait aucun mouvement? J'y consens, & je m'abstiens tout exprés de remarquer que suivant Mr. de Gamaches, l'Univers & toutes ses parties sont, dans ce cas là, dans un état indeterminé, qu'on ne peut appeller ni un état de Mouvement, ni un état de Repos. Je ne le pense pas ainsi, & je veux envisager son systême independamment de cete remarque, qui n'y est point essentielle. Il me paroît qu'on peut désigner par la pensée tant de parties qu'on voudra, rondes, triangulaires, quarrées, &c.

&c. dont chacune garde conſtamment ſa ſituation par rapport à celles qui l'environnent, & s'y applique au ſecond moment tout comme au premier, & au 3e. tout comme au ſecond. Qu'on deſigne préſentement par la penſée une portion ſpherique. Si Dieu, dont la volonté eſt, par elle même, ſouverainement efficace, ordonne que cete ſphere applique ſucceſſivement, ſa ſurface convexe à la concavité qui l'embraſſe, l'Intelligence Infinie, à qui tout eſt preſent, verra bien que les autres Corps de l'Univers ne ſeront pas ſitués, par rapport aux parties de cete boule, comme ils étoient auparavant, & que le rapport de leur ſituation avec les parties de cete boule ſera changé, mais elle verra auſſi, 1°. Que ce changement aura une cauſe, 2°. Il verra que la cauſe s'en trouve dans le nouvel état de cete ſphere, qui, au lieu d'appliquer les mêmes parties de ſa ſurface convexe aux mêmes parties de la concavité qui l'environe, les applique ſucceſſivement à de differentes. Elle verra, dis-je, que la cauſe en ſera dans cete ſphere, a qui elle

elle a fait changer d'état & de maniere d'exister, & non point dans les autres Corps, dont chacun fera resté précisement tel qu'il étoit avant qu'il s'élevât aucun Mouvement dans l'Univers.

Dans la supposition que les Corps ne continuent à exister, que parce que leur existence est l'effet d'une reproduction non interrompue, l'Etre supreme reproduiroit la sphere dont je parle, en l'appliquant la seconde fois differemment de ce dont elle l'étoit la premiere, & la 3e. differemment, de ce dont elle l'étoit la seconde, & il reproduiroit les autres Corps, appliqués chacun sur son voisin toûjours de la même maniere, la même partie sur la même partie.

Mr. de Gamaches parle plus d'une fois de ceux qui savent penser. A son imitation me sera-t il permis de parler aussi de ceux qui savent s'instruire. Quand on possede cet art on profite de tout ce qu'on lit, de quelque plume qu'il sorte. Le langage de l'Ecôle est souvent obscur, souvent il ne signifie rien, mais quelque fois aussi il a un sens qui merite de l'attention. Or

les

les Philosophes de l'Ecôle me paroiſſent avoir remarqué judicieuſement,
que quand on compare deux termes,
les noms qu'on leur donne pour exprimer cete maniere dont on les conſidere, marquent quelquefois un changement réel dans l'un, ſans en mar-
quer aucun dans l'autre, par rapport
auquel ils ne ſont, diſent-ils, que des
denominations exterieures. Deux hommes, par exemple, ſont aujourdhui
également ſavans: Voila un rapport
d'égalité, dont le fondement eſt également réel dans l'un & dans l'autre.
L'un d'eux ceſſe d'étudier pendant u-
ne année entiere; mais l'autre pouſſe
ſes études avec une extrême application, quoi qu'il ſe trouve que le premier n'ait rien oublié. Il y a entr'eux
un rapport d'inegalité, & ce rapport
fait donner à l'un le titre de moins
ſavant, & à l'autre celui de plus ſavant. J'exprime donc leur rapport
dans d'autres termes que je ne faiſois
auparavant: Je ne les appelle plus é-
galement ſavans; j'appelle l'un plus
ſavant & l'autre moins ſavant. Que
marquent ces nouveaux termes? Un
nouveau rapport. Mais ce nouveau
rap-

rapport emporte-t-il un changement
égal des deux côtés? Point du tout.
Le nouveau nom de *moins savant* est,
par rapport au premier, une denomination exterieure ; son savoir n'est
point devenu moindre, c'est uniquement celui de l'autre qui a augmenté.
Pour sentir le verité de cete remarque
avec encore plus d'évidence, qu'on s'en
reprelente un 3°. qui, égal en savoir
à chacun de ces deux, a oublié une
partie de ce qu'il savoit : En ce cas
là moins savant ne fera plus pour lui
une denomination simplement exterieure, le nouveau nom qu'on lui
donnera, en le comparant aux autres, fera l'effet d'un changement qui
fera arrivé. J'ajouterai un autre exemple qui aura un rapport plus immediat avec le Mouvement. Neuf
statues sont posées fur des piédestaux
d'égale hauteur: On éleve celle du
milieu. Quand donc je compare ces
statues, je dis que celle du milieu.
est plus exhaussée. Cela marque un
changement réel qui lui est arrivé: Je
dis que les autres le font moins: C'est
une denomination exterieure: Elles
ne font point descendues, & il n'y a
au-

aucun Cartesien qui ne m'acusât de
rêver si je le prétendois.   On pouroit de même supposer que l'on en
baisse huit & que l'on ne touche point
à la neuvieme.

On arrive à une maison par quatre avenues differentes: Le feu s'y
prend: On accourt de tous côtés
pour l'éteindre.   Un Cartesien qui
en est le témoin & qui sait penser
comprend que si l'on court à cette
maison, cette maison de son côté s'a-
vance reciproquement, avec autant de
vitesse au devant de ceux qui arrivent
à son secours, C'est au vulgaire à ê-
tre effrayé par des consequences, l'a-
me d'un Philosophe ne s'ébranle point
par ce qu'elles ont de paradoxe, pourvû
qu'elles soyent bien liées avec le principe qu'il a une fois adopté. Un vrai
Cartesien sentira l'elevation de son genie au dessus des préjugés.   Quand,
malgre ce que ses yeux, la Nature
& le bon sens lui dictent, il saura
penser que cete maison se porte tout
à la fois du côté du Septentrion, du
Midi, de l'Orient & de l'Occident,
aussi réellement & aussi veritablement
qu'il est vrai qu'on y accourt de tous
ces

ces termes là, Pour soutenir cet é-
trange paradoxe, de tous les paradoxes peut être le plus incroyable, on
a recours à l'hypothese incomprehen-
sible de la durée des Creatures, qu'-
on suppose être l'effet d'une Création
continuellement réiterée, & on se
met sous la protection des Theologiens, si redoutables autrefois à Mr.
Descartes. Si Mrs. les Theologiens
veulent nous assujettir à leurs exag-
gerations Metaphysiques, il n'y a
plus moyen de tenir. Nous respe-
cterons leur autorité pendant qu'ils
s'appuyeront sur des passages clairs &
exprés de l'Ecriture Ste. Je n'en
vois que deux qu'ils puissent alleguer: Mais, pour faire qu'un passage serve de preuve, il ne suffit pas de
le citer. St, Paul dit que *nous avons
en Dieu la vie, le mouvement & l'etre.*
Prendra-t-on cella à la lettre? Il faudra faire de limmensité divine considerée comme lespace où les Corps se
promenent, un Dogme sacré & un
article de foi. Affoiblira-t-on ce passage quand on se contentera d'y apprendre que Dieu n'est pas seulement
Auteur de la vie, par l'arrangement

mer-

merveilleux qu'il a fû donner aux differentes parties de nôtre Corps & par
la proportion qu'il a établi entre leurs
mouvemens. Ces mouvemens il ne les
a pas trouvé repandus dans l'Univers,
il les a produits, c'est par lui que le
Mouvement a commencé ; c'est de
lui qu'il tient fa nature & cete activité essentielle à fa nature, par laquelle il se conserve tel qu'il doit ê-
tre pour faire subsister l'Univers dans
fa force & dans fa beauté, cete Matiere que Dieu a mis en mouvement
il ne là pas trouvée toute faite, elle n'étoit point; c'est lui qui lui a
donné l'existence.

On lit encore que *J. Chrift foutient
toutes chofes par fa Parole puiffante*, &
on applique ce paffage à fa Nature
Divine. Mais en affoiblira-t-on la force
& ne lui donnera-t-on pas un fens trés
fublime & trés digne de Dieu, quand
on dira que fa Parole ou fa fageffe,
fa volonté trés efficace, ont donné
l'être à ce grand Univers, & qu'il en
a reçu une existence durable. C'est
à l'efficace de cete puiffance infinie
que l'Univers doit cete existence dans
laquelle il se foutient. Mais s'autoriser

rifer de ces paroles pour fe reprefen-
ter le Neant comme un abime d'une
profondeur infinie, ou chaque Creature tend à s'aller perdre par la pen-
te d'une lourde pefanteur, & où elle
retomberoit infailliblement aprés en
avoir été tirée, fi Dieu ne la prefer-
voit de cete chute par fa Toute puiffance, Ce font là des idées qui ne ref-
fembleroient, pas mal à des rêves, fi
l'on prenoit au pié de la lettre les
termes dans lesquels on les exprime.
Le Pfeaume 148. nous inftruit du
fens dans lequel on doit interpreter
les paroles de l'Epitre aux Heberux.
Que toutes chofes, dit le Prophete Roi,
louent le nom de l'Eternel, car il a com-
mandé & elles ont été crées; il les a é-
tablies à toûjours & à perpetuité. Les
expreffions des Theologiens au fujet
de la Confervation des Creatures, fi
on les prenoit au pie de la lettre, n'i-
roient pas moins qu'à renverfer toute la difference des Oeconomies divi-
nes, dont l'explication eft leur objet
propre. L'impuiffance de l'homme tombé ne feroit ni plus ni
moins grande que celle de l'homme
dans l'état d'integrité: dans l'un &
dans

dans l'autre de ces états l'homme est comme tiré du neant à chaque instant assignable & reçoit de son Createur son existence & toutes ses suites, comme s'il sortoit du neant : sa substance, les états, ses modifications, ses rapports.

Pour moi j'avoue que le seul empressement de M. Bayle pour cete hypothese suffiroit deja pour me la rendre suspecte. Tout Pyrrhonien qu'il soit, il en parle comme de la verité du monde la plus incontestable, pour se donner le plaisir d'en tirer des argumens qui renversent la Religion & toutes les idées que nous avons de la sagesse, de la justice & de la bonté de Dieu. Mais enfin pour peu que les Theologiens veulent être dociles & nous permettre de raisonner sur une hypothese, où ils ne sont parvenus qu'en raisonnant, je les prierai de considerer que, comme il y a de la difference entre être & n'être pas, il y a aussi de la difference entre la *Creation* qui donne l'être à ce qui n'étoit pas & la *Conservation* qui le continue à ce qui est deja. Ils convienent que nous n'avons pas d'ideé

far

sur la maniere dont les Etres sont
créés & tirés du neant : Trouve-
ront-ils mauvais si de là on conclud que nous en avons d'autant
moins sur leur conservation qu'elle
approche de plus prés d'être une Creation ? Aprés leur avoir representé
tout cela, je ne crois pas qu'ils trouvent mauvais si j'ajoute que cette
Question si on la pousse dans le de-
tail, est Philosophique bien plus que
Theologique : Car à quel but un
Theologien la propose t'il & la traite-
t-il ? C'est sans doute pour élever les
hommes à de grandes idées de Dieu &
les porter à le craindre & à lui rendre graces. Mais quelle plus grande
idée que celle d'un Etre qui peut
donner à ce qui n'étoit point, une
existence durable ? Comment ne
craindrions nous point celui qui peut
nous ôter à chaque instant ce qu'il
nous a donné ? Qu'il le puisse en re-
tirant simplement son concours, c'est
à dire en cessant d'agir & de vouloir
l'existence ou en ordonnant l'anean-
tissement, n'est ce pas la même chose & n'y a-t-il pas également de raison de côté & d'autre pour le crain-

F   dre?

dre? S'il nous a donné une exiſtence durable, l'obligation que nous lui en avons eſt-elle moins grande qui s'il nous la renouvelloit à chaque moment?

„ Tout bon Philoſophe , dit Mr.
„ de Gamaches , convient préſente-
„ ment avec les Theologiens que la
„ conſervation des Etres créés eſt
„ une emanation de la toute-puiſſan-
„ ce de Dieu, que c'eſt une ſuite
„ non interrompue de reproducti-
„ ons, une creation continuellement
„ reïterée. Voila ſon principe. A-
vant que de l'examiner & de paſſer dés là aux conſequences qu'il en tire, je me croirois plus en droit de lui demander d'où il a cette revelation qu'il ne l'étoit de faire cette même demande.

On n'a point beſoin de revelation pour ſuppoſer Dieu ordonnant à un Corps de ſe deplacer ou de s'approcher d'un autre, & pour voir le Mouvement naitre de cet ordre. Il eſt toujours permis de faire des ſuppoſitions poſſibles, & non ſeulement on voit que celle ci eſt de ce nombre, il faut neceſſairement y venir pour attraper l'oril'origine du Mouvement. Mais quel besoin n'auroit-t-on pas d'une revelation des plus expresses pour se rendre à une hypothese qui va directement à renverser tout ce que la Religion enseigne ? Si une Intelligence a besoin d'etre reproduite au commencement de chaque instant, tout comme si elle étoit aneantie un moment aprés celui de chaque creation, que signifient les commandemens ? Ils s'adressent à ce qui va tomber dans le neant, qui est par consequent hors d'etat d'en conserver aucun souvenir. Cette Intelligence à qui Dieu vient de donner un ordre; il faut necessairement qu'il la crée de nouveau avec l'idée de cét ordre. Ce n'est pas tout, il la créera avec des mouvemens qui léloignéront de cet ordre, ou avec des mouvemens qui le feront executer. Au premier cas il est absolument impossible qu'elle obéïsse, & au second il est impossible qu'elle n'obéïsse pas. Obéïssance Desobeissance ce sont là de pures apparences qui ont quelque air de réalité, & qui ne paroissent belles qu'autant qu'on les regarde comme

F 2

des

des realités & non comme de simples apparences, c'est à dire que tout ce qu'il y a de moral dans la conduite des Créatures par rapport à Dieu & dans celle de Dieu par rapport aux Créarures ne présente rien de beau qu'á mesure qu'on donne dans l'illusion, qu'on oublie ce que les Creatures sont & qu'on les suppose ce qu'elles ne sont pas : Toute la Morale ne roule que sur de beaux songes, & qui cessent d'être beaux dés qu'on les reconoit pour des songes : Tout ce qu'on appelle sagesse, justice, misericorde n'en a que l'apparence, & n'est qu'un jeu qui mortifie dés qu'on le conoit : L'admiration se dissipe en même tems que l'ignorance. En vain donc Mr. de Gamaches se met à couvert sous l'autorité des Theologiens; ce n'est pas de bonne grace, ce n'est point se battre à armes egales, ni disputer en veritable Philosophe. Les Théologiens sont quelquefois des personnes de mauvaise humeur & des personnes redoutables, il n'est point à souhaiter qu'ils se mêlent dans nos disputes. J'avoue qu'ils ne sont pas également

à crain-

à craindre dans toute sorte de Païs:
Mais, sous quelque souverain qu'on
vive, on peut là dessus penser autrement que le commun des Théologiens, & le Dogme sur lequel Mr.
de Gamaches établit sa Physique n'a
encor été decidé dans aucun Conci-
le, ni dans aucune Confession de Foy.
& il y a bien apparence qu'il ne le
sera jamais; car enfin il anéantit le
poids des motifs; il aneantit l'injusti-
ce du vice & par conséquent la justice des peines: Il aneantit l'éclat réel
de la vertu & il fait à peu prés, le
même effet sur cette proportion qui
releve le prix des recompenses. St
Paul pose en termes exprés qu'un
homme qui auroit parfaitement ac-
compli le Loi pouroit être justifié
par ses oeuvres, & que la recom-
pense lui seroit accordée, non comme simple grace, mais comme due
en certain sens. Or certainement
elle n'est dûe en aucun, si la Créature
ne fait rien, & elle ne fait rien si,
au commencement de chaque moment assignable, elle est créée avec
tout ce qui se trouve en elle, & si
de même à la fin de chaque moment

ment

ment, pour infiniment petit qu'on le
fuppofe, elle eft prête de tomber
dans le neant & y retomberoit infailliblement fi une nouvelle creation ne
fuccedoit inceffamment à la précedente. Dans cette hypothefe la pu-
nition des méchans fait fremir d'horreur; Chacun d'eux commence d'é-
xifter precifément tel que Dieu le
crée, c'eft Dieu feul qui fait fa fubftance & toutes fes modifications.
Ce premier inftant eft fans intervalle
fuivi d'un fecond, où Dieu crée de
même une ame & toutes fes modifications. Il en eft ainfi d'un 3e. par
rapport au fecond de forte que pendant tout le cours de fon éxiftence,
une ame n'eft rien que ce que Dieu
la fait être & ne renferme rien que
ce que Dieu y a mis. Cependant ce
même Dieu l'accable de reproches,
il la condamne aux plus affreux fup-
plices, & d'inftant en inftant il ex-
erce fa puiffance infinie pour renou-
veller non feulement l'exiftence &
les fentimens de defespoir de cette
ame infortunée, mais encore fes
blafphemes, fes mouvemens de haine
& d'horreur contre celui qui la créée,

à qui

à qui elle reproche d'avoir été punie
sans l'avoir merité, puis qu'elle n'a jamais fait que ce qu'il lui a fait faire
inévitablement. En voila affés pour ce
qui eft des Theologiens.

Mr. de Gamaches anéantit encore,
par le principe de fa Phyfique, tout
„ merite Philofophique. *Il eft éton-*
„ *nant*, dit-il à la fin de fon Aver-
„ tiffement, quaprés d'auffi grands
„ Maitres que ceux que nous a tourni
„ nôtre fiecle, nous n'ayons point
„ encor acquis la facilité de nous é-
„ lever au deffus des conceptions
„ communes: Si ce n'eft pas nôtre
„ faute, nous en fommes plus à plain-
„ dre, mais du moins nôtre attenti-
„ on dépend-elle de nous : Don-
„ nons la donc à ce que nous avons
„ à rechercher ici. Mais quand fe-
rions nous les maitres de nôtre attention? Quand dependroit elle de
nous ? En depend elle au moment
que nous commençons d'exifter ?
Dans ce premier moment ne fommes
nous pas neceffairement tout ce que
Dieu nous fait être & rien de plus?
Dans le moment qui fuit de plus prés
& fans aucun intervale ce premier ,

ne

ne ſommes nous pas créés tout de même que ſi l'exiſtence que nous a-vions reçu dans le premier avoit été aneantie & que nous en reçuſſions une toute nouvelle dans le ſecond ? Si donc nous ne profitons pas des grandes leçons que Dieu nous donne par la Nature, & par la revelation, par les ſoins continués de ſa provi-dence, *ce n'eſt pas nôtre faute* , & nous paſſons pour plus coupables lors que *nous ſommes ſeulement plus à plaindre.*

Mais c'eſt peut être ici une de ces verités incommodes, par où la Rai-ſon harcelle de tems en tems la Thé-ologie, en oppoſant ſon evidence à l'obſcurité de la Foi ? Voyons! *La Con-ſervation des Etres créés eſt une émana-tion de la Toute puiſſance de Dieu.* Cer-tainement on ne trouvera pas, dans ce langage une lumiere qui puiſſe a-larmer la Foi. Si ces expreſſions é-toient juſtes, l'exiſtence des Creatures ſeroit un écoulement de l'Etre éternel même, car la Puiſſance de Dieu c'eſt Dieu lui même entant que puiſſant, & que peut-il émaner , que peut-il ſortir de lui que ce qui y eſt ? Dira-s-on que ces termes ſont metapho-ri-

riques? J'en Conviendrai, mais j'ajouterai aussi qu'il ne faloit pas en composer un principe, & que, sur une matiere autant obscure par elle même que celle là & autant au dessus de l'esprit humain, il faut se taire ou s'enoncer dans le langage le plus simple. Si donc, pour s'exprimer plus intelligiblement, on dit que l'existence des Creatures est un effet qui resulte de l'ordre efficace de la volonté Divine, il me paroit qu'on dira vrai; mais il me paroit aussi qu'on ne peut tirer de là aucune consequence pour la Creation continuellement réiterée, pour la suite non interrompue de reproductions. Cette suite non interrompue de reproductions présente même, des qu'on s'y rend attentif, une contradiction si visible que la foi se trouve à couvert de toutes les allarmes que lui pouroit donner ce Dogme: Car voici comme je raisonne.

Afin que les reproductions ne soient point interrompues, il faut que chaque production ne dure qu'un instant: Si depuis le commencement de la premiere jusques à la fin il y avoit

quel-

quelque intervale , pendant cét intervale la Creation ne seroit pas reproduite, & dés qu'elle pouroit exister pendant la durée d'un petit intervale sans être reproduite , la reproduction ne seroit pas essentielle
a son éxistence , Sans reproduction elle pouroit exister pendant un
intervale de tems deux fois plus
long que le promier, & par là même raison pendant un intervale 4
fois plus long, 8 fois plus, &c. en
un mot pendant un intervale aussi
long qu'on voudroit le supposer.

L'exiftence duë à la premiere production n'ayant donc été que d'un inftant indivisible , & la seconde, qui
suit immediatement & sans aucun intervale la premiere , étant elle même
comme cete premiere, sans intervale depuis son commencement jufques à sa fin ; étant d'une petitesse indivisible, on voit évidemment qu'elle ne sauroit ajouter aucune durée a
la premiere : Car je demande, La
durée de deux productions de combien prolongeroit-elle la durée d'une
seule? Ce ne seroit précisément que
de la durée d'une , & cette seconde

étant

étant elle même sans durée, la durée
de la premiere existence ne croitroit
par là d'aucune durée.

Or dés que deux ne formeroient
pas une durée plus longue qu'une,
trois ne dureroient pas plus que deux,
& par conséquent pas plus qu'une.
Il seroit donc autant impossible que
la suite non interrompue de reproductions formât une durée, qu'il est
impossible qu'une suite de points in-
divisibles, & chacun sans étendue,
forme une masse étendue, & le plus
fort & en même tems le plus simple
des argumens par où l'on combat les
Atomes, en fait naitre un contre
l'hypothese sur la quelle Mr. de Gamaches établit son systême.

Ce n'est pas le seul argument que
l'on puisse y opposer; En voici un
qui demande moins d'attention & qui
na pas moins de force. La même
raison qui nous convainc qu'on ne
peut, sans contradiction, refuser de
reconnoitre la volonté de l'Etre infini assés efficace pour que ce qui n'e-
xistoit pas commence d'exister, dés
qu'elle l'ordonne, ne nous oblige pas
moins de reconoitre qu'elle est assés

effi-

efficace, pour que ce dont elle ordonne l’exiſtence réelle & durable, commence non ſeulement d’exiſter, mais continue. Ce qui exiſte dêja eſt viſiblement plus prés d’exiſter encore que quand il n’étoit pas. Plus on concevra de diſtance du neant à l’être, c’eſt à dire, plus on concevra de difference entre ce qui eſt & ce qui n’eſt pas, plus cét argument ſera fort : Comme le neant n’eſt point determiné à éxiſter, n’eſt point determiné à devenir un Etre, par la même raiſon, ce qui exiſte, par la même qu’il eſt un Etre, n’eſt point déterminé à ceſſer d’être & a devenir neant. Il implique contradiction qu’une Créature ſoit égale à Dieu, car ce qui a été produit pouroit n’avoir pas été produit, ſon exiſtence n’eſt pas neceſſaire : Ce qui a été produit doit ſon exiſtence à un autre. Mais il n’implique point contradiction que ce qui éxiſte ſoit réel & determiné à durer, par là même qu’il exiſte. La force d’un Etre c’eſt cet Etre même conſideré en un certain ſens & ſous de certains rapports. Si donc la force des Creatures n’eſt point réelle, ſi elle

n’eſt

n'eſt qu'apparente, l'être même de la Creature ne ſera pas réel, il ne ſera qu'apparent : L'éténdue a une exiſtence réelle & durable, l'Etendue, par là même qu'elle eſt Etendue, eſt réelle, mais elle n'eſt pas agiſſante, elle eſt pourtant capable de le devenir, & elle le devient en effet dés que la volonté efficace de l'Intelligence ſupreme veut que ſon état ſoit un état de Mouvement, l'état d'un Corps qui change de ſituation, l'état d'un Corps qui applique ſucceſſivement ſa ſurface à ce qui l'environne. Il me ſemble que ces idées ſont claires, & par là même qu'elles le ſont chacune, ſi l'une s'oppoſoit à l'autre, c'eſt a dire, ſi elles renfermoient la moindre contradiction, il ſeroit facile de s'en appercevoir.

Mais quand on accorderoit à Mr. de Gamaches la ſuppoſition dont il fait ſon principe, on ſeroit toûjours en droit de lui nier la conſequence qu'il en tire, & qui certainement n'en eſt point une ſuite neceſſaire. *Il n'y a point d'inſtant*, dit-il, *ou l'action de Dieu ne tombe ſur toutes les parties de la matiere à la fois.* Soit; elle y tom-

tombe pour les reproduire, pour leur rendre au second instant l'éxistence qui sans cela auroit fini avec le premier. Mais elle ne tombe pas sur toutes, pour reproduire chacune dans le même état que les autres, & comme il reproduit rondes celles qui étoient rondes, quarrées celles qui se trouvoient quarrées, il reproduit en repos celles qui étoient en repos & reproduit en mouvement celles qui étoient en mouvement. Quand il veut que le rapport de distance entre deux Corps cesse d'être le même, il peut éxecuter ce qu'il veut en diverses maniere, il peut vouloir que A se porte vers B, il peut vouloir que B se porte vers A, il peut vouloir que A & B aillent à la rencontre l'un de l'autre; & une preuve que ce sont là des cas differens, c'est qu'ils donnent lieu à des chocs dont les suites sont trés differentes.

Les argumens que les Methaphysiciens tirent pour établir ce prétendu article de foi me paroissent des sophismes. L'éxistence des Créatures, disent-ils, n'est point une éxistence necessaire. Donc il faut qu'une cau-

se

se exterieure la determine sans cesse à durer.

A cela je repons, L'éxistence des Creatures n'est pas une éxistence neceffaire, car si cela étoit les Créatures seroient éternelles & elles ne seroient pas même des Créatures : J'en tombe d'accord. Leur Existence n'est pas neceffaire : Donc elles ne sont pas éternelles , & une cause exterieure les a determiné à être plutôt qu'à n'être pas : Cela est trés vrai. Leur existence n'est pas neceffaire : Donc il n'implique pas contradiction que la cause qui la leur a donnée puisse la faire cesser : Tout cela me paroit clair & hors de contestation.

Mais quand on ajoute, L'existence des Creatures n'est pas neceffaire, elles l'ont reçue d'ailleurs : Donc cete existence a besoin d'être sans cesse reproduite : Ce raisonnement est trés éloigné de me presenter la même évidence que les précedens, & il est visible qu'il tire toute sa force d'une supposition qui n'est pas differente de la Question même, savoir que la cause de leur éxistence n'a pû la former affés réelle pour que, d'elle même,

elle

elle ne retombât dans le néant, a moins qu’elle ne fut sans cesse reproduite.

Le Dr. Sher-lock. Un autre argument qu’un Theologien celebre tire de *Suarez* & qu’il donne pour solide, quoi qu’il y reconoisse une subtilité suspecte, cet argument n’est encore qu’une vaine subtilité Metaphysique fondée sur des termes équivoques: Le voici. „ Dieu peut aneantir: Or „ si, pour anéantir ce qui existe, il „ déployoit un acte positif de sa puis- „ sance, cet acte positif se termine- „ roit sur le néant, & sa toute puissan- „ ce s’exerceroit pour ne rien fai- „ re. Levons donc cette difficulté „ & disons que quand Dieu aneantit, „ il retire simplement la puissance a- „ vec laquelle il soutenoit l’existence; „ au lieu qu’il la vouloit, il ne la „ veut plus.

Il repons à cela que les termes de ne rien faire renferment un equivoque. Si, par *ne faire rien*, on entend, *ne donner pas l’existence* a quelque chose, je reconnois qu’aneantir c’est ne rien faire. Mais si, par *ne rien faire*, on entend *une simple cessation*, je dis que

des-

detruire une exiſtence réelle, ce n'eſt
pas ne rien frire, & ſi on veut qu'en
ce ſens ce ne ſoit rien faire, ce ſoit
ſimple ceſſation, on ſuppoſe encor
viſiblement ce qui eſt en queſtion.
L'introduction du Repos ne demande de l'effort que parce qu'il faut faire ceſſer le Mouvement. Dira-t-on
à cela, Pour faire ceſſer le Mouvement, aucun effort n'eſt neceſſaire,
car faut-il de l'effort pour ne rien faire?

Qu'on ne ſe borne pas à des idées
vagues, quand il en faut des determinées, & reciproquement qu'on ne ſe
hazarde point à déterminér ce qu'on
ne peut conoitre certainement que
ſous une idée vague; Des lors cette
Controverſe ceſſera, & on ne fera
aucun abus de cette ſpeculation. Les
idées de Dieu ſont déterminées:
Quand il crée, il né ſe contente pas
de-dire en gros, *Qu'une choſe ſoit*; il
a une idée déterminée & parfaite de
cette choſe dont il ordonne l'éxiſtence, & s'il ordonne qu'elle ait une
éxiſtence durable, elle devra la durée de ſon éxiſtence à cette même
volonté, par l'efficace de laquelle elle

le a commencé d'être.   Qu'on s'en
tiene là, au lieu d'imaginer sans preuves & dans la Creature une determination à cesser d'être, & dans Dieu
une volonté qui, d'instant en instant,
s'oppose à l'effet de cette determination & continue à créer.

Nous n'avons que des idées tres
imparfaites de la Puissance infiniede
Dieu & de la Creation. L'intelligence, de ces grands objets est fort
au dessus de l'Esprit humain. Or il
est difficile de s'exprimer juste sur
des suiets que l'on ne connoit qu'im-
parfaitement. Cette maxime, Que la
conservation est une Creation réiterée,
peut donner lieu à des idées qu'il est necessaire de corriger : Mais il me semble
qu'on luy donnera un sens tres beau
& tres juste, quand on dira , qu'à cette
même VOLONTE. SUPREME
ET INFINIMENT EFFICACE
a qui les Creatures doivent leur naiß-
sance, á cette même volonté elles
sont redevables de la continuation de
leur estre, Cette continuation est un
resultat de cette volonté constante &
permanente. Dieu a voulu que je
fusse, Par là j'ay commencé d'exister:

Il

Il a voulu que je continuaſſe & il continue à le vouloir, je ſuis & je perſevere d'eſtre : Il a voulu que je fuſſe un ETRE ACTIF, J'ay eu de l'activité & cette activité dure.

Le langage de l'Ecriture aura toûjours chés moi plus de force que les abſtractions hardies des Metaphyſiciens. *Fils des hommes retournés.* Voila ſous quelle idée elle nous fait concevoir leur Createur quand il termine la vie. C'eſt ainſi que ſon ordre luy donne l'être, & que ſon ordre l'en depouille.

Une Queſtion Phyſique a donné lieu a une Controverſe Metaphiſique d'une tout autre inportance, car elle influe extrêmément ſur la Religion, & je conçois que ce n'eſt pas lui rendre un petit ſervice que de démêler ce qu'une perſuaſion aſſés accreditée renferme de vrai d'avec ce qu'elle préſente de faux, & qui peut aiſément s'nſinuer à la faveur du vrai. On étudie la Metaphiſique dans un âge où l'on n'examine guere, & où, accablé d'études differentes, on n'a pas ſeulement le loiſir d'examiner: Les grans mots qui entrent dans cétte
Que-

Question disposent l'esprit au respect, & on se fait dans la suite un devoir religieux de ne plus examiner ce qu'on a une fois regardé comme un article de religion, ou comme tres approchant d'en etre un article.

Je laisse les Theologiens pour revenir à Mr. de Gamaches : Ils avouent qu'ils n'ont pas d'idée de ce qu'ils disent quand ils assurent que la Conservation est une reproduction non interrompue, ou qu'ils n'en ont qu'une idée trés imparfaite. Ils reconnoissent qu'ils sont à tout coup embarassés pour concilier leurs speculations sur ce sujet avec d'autres articles de la derniere importance. Est ce sur une theorie si obscure qu'il faut établir la nature du Mouvement comme sur son principe.

Mais quand on accorderoit à Mr. de Gamaches sur ce principe, tout ce qu'il demande, il n'en seroit pas plus avancé, & rien ne seroit plus aisé que d'en tirer une consequence tout opposée à la siene. Quand Dieu ordonne à un Corps d'appliquer successivement sa surface à ceux qui l'environnent, & que, pour executer

ter lui même cét ordre, il le crée
d'inftant en inftant, dans uné nouvelle fituation; pour conclure de là
qu'il en fait autant à légard de tous
les autres Corps de l'Univers, il ne
fuffit pas de dire qu'il les reproduit;
il faudroit encore prouver qu'il les
reproduit dans un état femblable á
celui lá, & que, d'un inftant á l'autre, ils appliquent leur furface à de
nouveaux points des furfaces envi-
ronnantes.

Mr. de Gamaches a beau élever
fon genie & féloigner par là de ce
qu'il appelle les idées du vulgaire,
il ne fauroit les perdre entierement
de vûe, & du haut de fon élevation,
il en eft encor affés frappé pour donner le nom d'ingenieufes aux difficultés qu'elles font naitre, à moins qu'on
ne penfe qu'il ne fait cet honeur aux
objections qu'il propofe, que pour
prouver la fecondité de fon Eloquence, qui fait égalemeut meprifer & relever les objections.

„ Tout changement de rapport
„ femble fuppofer un changement
„ abfolu. Il eft fûr, par exemple
„ qu'aucun rapport de grandeur ne

peut

„ peut changer qu'il n'y ait ou une
„ augmentation réelle ou une dimi-
„ nution effective du côté des quan-
„ tités : Il semble donc auffi que
„ quand les Corps changent entr'eux
„ de rapport de diftance , il doive
„ arriver quelque changement abfolu
„ dans leur état.   Voila l'objection,
„ voici la reponfe.

„ En y regardant de prés on s'ap-
„ percoit aifement que la parité qu'il
„ renferme n'eft point exacte , &
„ qu'elle impofe.   En effet, dans un
„ changement de rapport de gran-
„ deur , on n'a que les quantités
„ comparées, fur quoi puifle tom-
„ ber le changement abfolu qui fert
„ de fondement à la nouvelle relati-
„ on : Mais, dans un changement
„ de rapport de diftance , fi l'on a
„ deux Corps qui s'approchent ou
„ qui s'éloignent l'un de l'autre, on
„ a auffi l'efpace qui les fepare , &
„ qui, par fes extenfions & par fes
„ etrecffiffemens, determine leurs dif-
„ ferens états relatifs.

Les anciens Rheteurs donnoient
ce precepte à leurs difciples: Quand
vous ferés preffés par une comparaison,

son, pour en éluder la force, cher-
chés quelque disparité entre les choses que l'on compare ; dépaïsés par
là vôtre Auditeur & faites évanouir à ses yeux toute la force de la
comparaison dont on se sert pour le
persuader. Voila qui est bon pour
éblouir, mais il ne s'agit pas ici d'é-
blouir, il s'agit d'éclairer l'esprit sur
un systême. Il n'est pas absolument
necessaire que les choses soient semblables en tout sens afin que l'une
serve d'éclaircissement à l'autre : Il
suffit que le principe en vertu duquel
on affirme quelque chose de l'une entraine à en dire tout autant de l'autre. Quand on compare deux Corps
par rapport à leur grandeur on ne
fait attention qu'à ces deux qu'on
compare. „ Mais dit Mr. de Ga-
„ maches, quand il s'agit du Mou-
„ vement, on ne fait pas seulement,
„ attention aux deux Corps qui, d'é-
„ loignés qu'ils étoient vienent à se
„ toucher, on fait encor attention
„ à l'espace qui les separe. Et à
quoi aboutit cete difference ? Loin
d'affoiblir l'objection que se fait Mr.
de Gamaches, elle la fortifie. Si,

afin

afin qu'un rapport soit changé entre deux termes, il suffit qu'il arrive un changement réel à un des termes, pourquoi est ce qu'afin que le rapport entre trois termes soit changé, il seroit necessaire que les trois termes reçussent un changement réel.

De plus, au lieu de comparer le Mobile A, 1°. avec le terme B, 2°. avec la longueur de 9 piés qui les separent de ce terme, il ne tient qu'á moi de faire rouler la comparaison sur deux termes & cela est plus naturel & plus simple; D'un côté j'ai le Mobile A pour premier terme, d'un autre une étendue de 9 piés terminée par B pour second terme. A parcourt successivement cete étendue jusqu'á ce qu'il soit arrivé á son extremité B : Mais cete extremité B attend le Corps A, & ne parcourt point l'étendue de 9 piés dont elle est l'extremité.

pag. 52 „ Mr de Gamaches continue; „ Representons nous deux Corps é-„ loignés l'un de l'autre; & puis „ supposons que l'espace par lequel „ ils seroient separés fut tout d'un „ coup aneanti : On voit bien qu'a-

lors

„ lors les deux Corps venant á fe
„ toucher, changeroient d'état rela-
„ tif, fans que leur nouvelle relation
„ fuppofât de leur côté aucun chan-
„ gement abfolu.

Ceux qui reconoiffent la poffibili-
té du vuide ne tomberont point d'accord que deux Corps fe touchent
dés que l'Etendue qu'il y avoìt en-
treux viendroit à être aneantie.
Ceux qui croyent le Vuide impoffible & contradictoire feront obligés
de dire, pour penfer & pour parler
confequemment, qu'ils ne voyent
goute dans cette objection, à
moins qu'ils ne conçoîvent qu'à mefure que l'étendue de 9 piés, par
exemple, s'aneantit entre A & B,
il s'en crée autant en delà de A &
en delà de B, pour les pouffer l'un
contre l'autre, auquel cas ces deux
Corps fe mouvroient auffi réellement
l'un que l'autre. Mais fi l'aneantif-
fement commence à fe faire du côté
de A & s'approche fucceffivement
de B, ce ne fera que A qui fe mouvra vers B.

Pour moi je fuis dans la penfée que,
plus une hypothefe eft paradoxe,

G

plus

plus il faut être scrupuleux sur l'evidence des principes dont on se sert pour l'établir. C'est une Regle de Logique. Toute preuve doit être, par elle même plus claire & tireé d'un sujet plus conu que ce qu'elle est destinée à établir. Mais peut être que les Regles ne sont pas faites pour des genies du premier ordre qui savent naturellement penser; ce sont des secours destinés à élever à la mediocrité dés petits genies.

„ On voit aussi qu'il en seroit de
„ même si, aprés leur union, un
„ nouvel espace créé venoit à les,
„ separer. Un homme acoutumé aux termes de l'Ecôle diroit à Mr. de Gamaches pour abreger, que son raisonnement est une Petition de Principe, & quil suppose ce qui est en question, & ce n'est pas la seule fois. Ce qui se glisse entre deux Corps qui se touchent, pour les separer, peut jetter le premïer à la droite; il peut jetter le second à la gauche: Il peut enfin écarter celui là d'un côté & celui ci de l'autre.

„ La

„ La matiere, continue Mr. de
„ Gamaches, eft anéantie pour tout
„ lieu où elle ceffe d'être, & elle eft
„ créée pour chaque lieu qu'elle
„ vient occuper. Je demande trés
humblement la permiffion de lui dire
que toute la grace qu'on peut faire
à ces expreffions, c'eft de les regarder comme trés Metaphoriques, &
j'ai deja fait voir ce qu'elles devienent quand, pour s'exprimer plus
jufte, on les change en propres &
literales.

„ L'action de Dieu, dit il enfin,
„ tombe á chaque inftant, fur tou-
„ tes les parties de la Matiere à la
„ fois. Soit ; mais cela ne prouve
pas qu'elle tombe fur toutes, pour y
produire le même état, elle reproduit les unes en repos & les autres
en mouvement.

„ Voici la feconde difficulté. Que pag. 45.
„ nous nous determinions à changer
„ de fituation par rapport à nôtre
„ lieu phyfique, auffi tôt nous en
„ changeons ; mais que ce foit nôtre
„ lieu phifique que nous voulions
„ faire changer de fituation par rap-
„ port à nous, l'acte de nôtre volon-

G 2 „ té

„ té n'est alors suivie d'aucun effet :
„ Pourquoi donc cete difference ?
„ D'où peut elle venir ? Car enfin
„ si le Mouvement est reciproque,
„ tout doit l'être du côté de la cau-
„ se. Je répons, dit Mr. de Gama-
„ ches, qu'á la verité tout doit être
„ reciproque dans la cause qui pro-
„ duit le Mouvement ; mais nôtre
„ volonté ne le produit pas, elle ne
„ peut que l'occasioner : Or toute
„ cause occasionelle est d'une insti-
„ tution purement arbitraire, & il
„ est établi qu'afin que nous puissi-
„ ons figurer á nôtre gré avec les
„ parties de nôtre lieu physique, il
„ faut que nôtre volonté s'applique
„ directement à nous.

Il m'est facile de tirer parti de cette
Reponse & de la tourner contre son
Auteur. Ce que la Cause *occasionelle*,
c'est à dire ; la Cause qui paroit produire, produiroit effectivement, si elle
avoit une efficace réelle, c'est cela
précisément que la Cause veritable,
la Cause premiere fait ; elle fait réellement ce que la Cause occasionelle
fait en apparence. La Cause veritable meut donc le Corps sur lequel

l'Ocl'Occafionelle s'applique, & non point le terme fur lequel cette Caufe occafionelle ne s'applique pas, & vers lequel elle pouffe feulement l'objet immediat de fon application.

„ Lors que Mr. de Gamaches a-
„ joûte. Quand des Corps changent
„ entre'ux de relation, il ne faut pas
„ croire que ceux du côté defquels
„ eft la caufe du changement foyent
„ les feuls qui puiffent être cenfés
„ fe mouvoir. Quoi qu'il défende de croire ce qui combat fon fyfteme, bien des gens ne laifferont pas de le croire pendant qu'il ne leur fera pas changer de fentiment par de folides raifons. Mais en verité ce qu'il ajoute pour appuier fa réponfe me paroit étrangement obfcur & la clarté eft pour moi le caractere d'une veritable preuve. „ Si j'allois ,
„ (dit-il) de la prouë à la poup-
„ pe avec une viteffe égale à
„ celle que j'aurois en fens con-
„ traire, par le mouvement du ba-
„ teau , il eft vifible qu'en même
„ tems que je changerois de place,
„ par rapport à mon lieu Phyfique,
„ c'eft à dire, les Corps qui m'avoi-

 finent

„ finent de plus prés , je me met-
„ trois en repos par rapport à ceux
„ qui pouroient me voir du rivage.

Cete derniere expreſſion eſt tout
à fait impropre : J'ai expliqué, dans
mon Diſcours , de quelle maniére
deux mouvemens reels peuvent détruire l'effet l'un de l'autre, ſans ſe
détruire pourtant l'un l'autre. Par
là un homme pouroit paroitre en repos à ceux qui, depuis le rivage,
ne verroient que lui, le long d'un
tuiau ; mais il ne s'en ſuivroit pas
qu'il le ſut.

Quand il ajoute, page 59, que ces
deux mouvemens oppoſés ſeroient incompatibles , s'ils n'étoient purement
relatifs, je le lui accorde. Mais de
ce que le reciproque ſe joint avec le
relatif dans de certains cas , il ne
ſenſuit pas qu'il y ſoit joint dans tous
les autres.

Dans la même page ; Mr. de Gamaches travaille encor à faire regarder le ſentiment contraire au ſien
comme le pur effet des prejugés.
Mais il ne s'agit pas de cela, il oublie la Queſtion principale pour ſe
jetter dans de écarts : Qu'il demontre

tre la verité de son sentiment ; qu'il renverse par des preuves convaincantes le sentiment opposé, alors chacun conclura, sans qu'il ait besoin d'y solliciter, que les erreurs contraires à son système ont leur source dans les préjugés. Mais jusqu'à ce que ces preuves soient telles que je les demande, toutes ces accusations seront des accusations en l'air.

J'ai déja fait comprendre quelle idée on doit se former du Mouvement & de ce qu'il renferme d'actif, idée bien differente de celle que le prejugé y-attache.

Afin qu'il n'y eut rien de plus réellement actif dans les mouvemens des Corps, qu'il n'y a d'activité réelle dans les mouvemens apparens de leurs images que l'on croit voir au de là d'un miroir, & qui paroissent s'approcher, s'entrainer & se reflechir suivant les differens cas, il faudroit que les Corps n'éxistassent non plus que leurs images & qu'ils parussent seulement exister. Mais autant que leur existence est plus réelle que l'éxistence de leurs images, lesquelles paroissent éxister & n'éxistent point, autant leur mouvement eſt plus réel & plus actif que celui de ces images.

Depuis là dans pluſiers pages Mr. de Gamaches ne dit rien de nouveau, ſi ce n'eſt qu'un ſpectateur, ſuivant les differens points de vûe où il ſe trouveroit placé, croiroit qu'un Corps eſt en repos ou qu'il eſt en mouvement. Mais, pour conclure ainſi, tel decidera qu'un Corps eſt en repos qui, s'il étoit placé dans quelque autre endroit, jugeroit ce même Corps en mouvement, & tel Corps qui lui paroitroit en mouvement depuis un certain point, il le jugeroit en repos s'il le regardoit d'un autre. Donc tout Mouvement eſt reciproque, & Il n'y a rien de plus réel dans ce qu'on appelle un Mobile que dans le terme dont il paroit s'approcher. Pour conclure ainſi il faudroit être en droit de ſuppoſer 1°. qu'afin que le Mouvement appartiene en propre à un Corps, ſans apartenir autant à tous ceux à l'égard desquels il change de ſituation, 2°. on ne peut jamais ſe tromper ſur le Mouvement, en attribuer à ce qui n'en a pas, & n'en

pas

pas attribuer á ce qui en a. Mais, par un semblable raisonnement je conclurai qu'il n'y a point de difference entre une petite distance & une grande, entre la distance & la proximité. Je revoquerois encor en doute la difference des figures, parce que, dans de certains points de vûe, on confond tout cela.

Le Mouvement existe ou n'éxiste pas indépendamment des jugemens que nous en portons. Tout Corps qui applique successivement sa surface à la surface qui l'enveloppe immédiatement se meut, soït que le Corps à la surface duquel celui la applique successivement la sienne, se meuve ou ne se meuve pas, se porte du même côté ou d'un côté opposé. De cete maniere un Corps sera en repos & en mouvement relativement à ceux qui l'embrassent sans que ceux qui l'embrassent se meuvent reciproquement autant que lui.

Dans les pages suivantes on attaque le Vuide : Cela ne me regarde point. Mais lors que, Mr. de Gamaches repete ce qu'il a dit que *le Vuide conçu sous l'idée qu'*

on

on s'en doit former, n'est que la Ma-
tiere depouillée de qualités sensibles &
reduite à n'avoir que ce qu'elle tire de
son propre fonds, j'ai pour le moins
autant de peine à conprendre son vuide que les Cartesiens disent qu'ils en
ont à comprendre celui des Gassen-
distes. Une vaste Matiere, dans laquelle il n'y a encor aucune varieté,
seroit elle ce qui repond aux termes
de *Tohou, Vabohou,* dont la signification precise est assés obscure, &
qui en gros marquent une grande con-
fusion, ou un grand vuide d'ordre &
d'ornemens. Il ne faut pas disputer
des mots. Je ne contesterai à personne le droit d'en inventer; mais
pour le mot de *Vuide* ainsi explique,
il me paroit étrangement tiré de sa
signification ordinaire.

Apres cela Mr. de Gamaches,
combat l'idée du Tems, comme d'u-
ne certaine durée indépendante de
l'existence des choses qui éxistent
d'une maniere successive. Je n'ai
garde de lui faire des contestations
sur cet article : seulement remarque-
rai je que l'argument dont Descartes se sert pour prouver la necessité

d'une

d'une reproduction fans cesse réiterée est tirée de cete idée que Mr. de Gamaches regarde comme un préjugé. Les parties du tems ne sont point liées ensemble. Donc de ce que j'existe pendant l'une il ne sensuit pas que je doive éxister pendant l'autre. Or si le tems n'est que l'existence même des Créatures, l'argument de Descartes reviendroit à ceci, Mon existence n'est point durable, & de ce que je suis il ne s'ensuit pas que je sois plûtôt déterminé à continuer d'être qu'à cesser. Donc il faut que quelque puissance exterieure produise cette continuation. Or cet argument supposeroit ce qu'on ne se trouve pas necessité à lui accorder par son évidence; car pourquoi ce qui est n'est il pas plutôt necessité à être qu'à n'être pas?

Dés là, Mr. de Gamaches se repete beaucoup, mais toujours agreablement, & il est certain qu'il est des Lecteurs comme des Auditeurs, que l'on persuade à force de repetitions. Dés que des expressions sont devenues familieres par cete voye, on ne les accuse plus

d'obſcurité, quand même elles en
ont. Dés que des idées ſont devenues familieres par cete même voye,
on les adopte ſans ſcrupule, au moins
c'eſt ce qui arrive à bien des gens.

On peut encor dire que les pages
que je viens d'indiquer renferment
une eſpece de ſermon Philoſophique,
on bien quelque choſe de fort ſemblable à un ſermon. Je n'ai garde de
me donner pour juge en matiere de
ſtile, je me conois trop pour faire
cette faute, mais il m'eſt permis de dire ce qui m'a parû. J'ai trouvé,
dans tous ces ſermons Philoſophiques
beaucoup de legereté de vivacité &
d'élegance : Il eſt même des endroits, comme, dans quelques ſermons, ou l'élevation de l'Eloquence rend les penſées difficiles à ſaiſir.
Par exemple, *Combien voyons nous
de gens de qui l'on pouroit dire qu'
ils ſauroient tout, s'il ne leur manquoit
de ſavoir penſer?* Cela me paroit un
peu difficile à comprendre, je l'avoue, au riſque d'être compté au
nombre de ceux qui ne ſavent pas
penſer. Mais, dés qu'on m'en aura
convaincu, je conclurai ſur le champ
que

que je ne fai rien; car que peut favoir celui qui ne fait pas diftinguer
entre idée & fenfation, entre certain
& vraifemblable, entre principe &
préjugé? Que peut favoir celui qui
ne fait pas examiner, celui en un
mot qui ne fait pas penfer avec ordre
& avec circumfpection?

Dans la page fuivante il reconoit
que la Geometrie fertilife l'efprit, &
il ajoûte que fes méthodes lui prefen-
tent les rapports de toutes les idées
auxquelles il eft en état d'atteindre.
J'aurois crû qu'il eft des idées auxquelles la Geometrie n'éleve pas, quelle
ne nous préfente pas, & dont par
conféquent, elle ne nous offre point
les rapports. Mais fi elle faifoit cela, comment eft ce qu'on pouroit lui
refufer l'élog. de donner à l'efprit,
de la vivacité & de l'élevation? J'aurois crû qu'il en eft de l'exercice de
l'efprit, quand on fuit certaines regles, comme de l'exercice du Corps,
qui font croitre fes forces.

„ La facilité, ajoute Mr. de Gamaches, de s'élever au deffus des i-
„ dées fenfibles & des conceptions
„ communes eft toûjours un prefent

„ de la Nature.   Avant que de lire,
cela, je croyois tout bonnement que les
plus riches présens de la Nature se
perfectionoient par l'exercice & par
les habitudes quel'on acquiert , &
dans lesquelles on s'affermit par l'exercice.

„ Heureux, continue-t-il , qui se
„ trouve favorisé de ce côté la ?
„ Mais plus heureux encor celui
„ qui, sur un esprit élevé, ente un
„ esprit Geometrique ? Mais quel besoin de ce grefe s'il est incapable de
donner ni force ni élevation ? Dira-
t-on que, si la Geometrie ne donne
ni force ni élevation, elle donne en
échange de l'étendue, de la justesse,
de la circomspection ? L'étendue &
la circomspection de l'esprit ne sont
elles pas cette force même considerée
à de certains égars ? Me sera-t-il permis de penser que Mr. de Gamaches a craint de rendre son stile
trop sec en lui voulant donner trop
d'éxactitude ? son zele le portoit à finir le panegyrique de Mr. Descartes.
A ce mot il se livre à l'admiration,
il retracte les reproches qu'il lui a
fait, & après nous l'avoir representé
à peu

à peu prés sous l'idée que Lucrece
présente Epicure, il découvre à tous
les esprits mediocres une voye sûre
pour éviter l'erreur, c'est de se prêter aux lumieres de ce grand homme. On lui doit cete reconoissance,
& chacun se doit cela à soi même
pour son propre interêt. *Il nous é-
pargne* dit-il, *un travail qui peut être
seroit au dessus de nos forces.*

Mr. de Gamaches revient aprés
cela à des reflexions sur la Géome-
trie & sur les Géometres, & comme
il sait rentrer dans son suiet avec autant de facilité qu'il en sort, il y re-
tourne & conclud que les Loix du
Mouvement convenant fort bien avec
l'hypothese du Mouvement relatif,
*si cete hypothese n'étoit pas la veritable,
l'erreur seroit trop favorisée.*

Je repons que je ne reconois point
d'autre Mouvement que le Mouvement relatif, & que je ne saurois me
former une idée d'aucun autre. Mais
je mets une grande difference entre
l'hypothese du Mouvement relatif &
celle du Mouvement reciproque,
c'est à dire, entre mon hypothese
& celle de Mr. de Gamaches, & j'e-
spere

spere que cette difference aura été suffisamment éclaircie. Si donc les Loix du Mouvement se peuvent facilement expliquer par le moyen de mon hypothese, Mr. de Gamaches aura tiré pour moi cete conclusion, qu'au cas qu'elle fut fausse, l'erreur seroit trop favorisée.

Mr. de Gamaches passe trop legérement sur la Communication du Mouvement, & il en parle dans des termes trop generaux pour me permettre de l'éxaminer : Il est trop aisé de se méprendre quand on determine les expressions vagues dont un Auteur s'est servi.

Il semble que Mr. de Gamaches, craint que le jugement de l'Academie ne soit un prejugé contre son systeme, sur tout quand on verra combien je lui suis inferieur en élegance. Mais la prévention du public se dissipera s'il reflechit apres Mr. de Gamaches que mes Juges sont des gens qui ont abandonné le systême des Causes secondes & qui ont laissé Descartes, pour donner dans les idées d'Aristote & d'Epicure; des gens enfin qui n'ont n'ont penfé comme moi que parce que nous nous fommes rencontrés à penfer comme le vulgaire.

J'aurois trop de vanité fi j'entreprenois de faire l'Apologie de mes Juges: J'ai écrit trés refolu de profiter de leur jugement, fi mes principes & mes raifonnements ne fe trouvoient pas de leur gout. Je fuis encore, par la grace de Dieu, trés difpofé à m'informer attentivement de ce que le Public dira & de ce que diront les particuliers, pour m'affermir dans mes idées, ou pour les corriger. Je fuis trés perfuadé que mes Juges n'aiment pas moins la verité que moi, & font encore plus éloignés de prévention & d'obftination. Mr. de Gamaches même les reprefente comme des perfonnes capables d'approuver des idées nouvelles, aprés les avoir examinées, dans un Ecrit dont 'lAuteur leur étoit inconnu.

Apres cela Mr. de Gamaches met en oeuvre une adreffe qui peut avoir fon effet; il paroit compter que le commun des hommes & tous ceux qui ne favent pas refléchir don-
ne-

neront aifément dans mes opinions.
C'eft un moyen affés propre pour
engager des Lecteurs de ce caractere
à s'éloigner de mes idées, de peur
de paffer pour des genies auffi vulgaires que moi. Mais il refte toujours une difficulté. Que faire des
Academiciens qui ont préféré mon
Difcours à celui de Mr. de Gamaches? Ofera-t-on les mettre au nombre de ceux qui font difpenfés de refléchir, parce qu'ils ne le favent pas?
l'Eloquenee de Mr. de Gamaches le
tire aifément d'embaras. ,, Pour
,, moi, dit-il, je croiraï fi l'on veut
,, que Meffieurs les Juges ne font re-
,, venus aux fentimens populaires
,, qu'à force de reflexions. Ceux
,, qui ne penfent point du tout, &
,, Ceux qui penfent beaucoup fe
,, rencontrent quelquefois au même
,, point, & c'eft ainfi que les extre-
,, mités fe touchent.

J'augmenterai encore l'étonne-
ment de Mr. de Gamaches & celui
du public. Je reconois de bonne foi
la fuperiorité de fon genie fur le mien.
Je ne comprens pas fes dernieres paroles, & je ne fais que d'en entre-

voir

voir obscurément le sens. A la verité se tait que quelquefois, a force de reflêchir, on se lasse & que l'esprit fatigué par la multitude des reflexions dont il s'est occupé, se rend par lassitude, embrasse au hazard, ou s'en tient à la derniere pensée qui lui vient, qui, dans un esprit fatigué, n'est pas ordinairement la plus sublime & la plus juste. Mais ce n'est point dans ce sens que Mr. de Gamaches parle de mes Juges: Voudroit-il dire que c'est par l'effet d'un tel malheur qu'eux, qui pensent beaucoup, se sont rencontrés avec moi, qui n'ai que peu pensé, & que des extrémités éloignées soient venues à se toucher?

Pour entrer dans les idées de Mr. de Gamaches, penserons nous qu'il en est du savoir à peu prés comme de l'Eloquence? Les hommes ont d'abord parlé trés simplement. Cette simplicité est le langage de la Nature. Mais à cette simplicité estimable il s'étoit d'abord joint beaucoup de grossiereté & beaucoup d'imperfection. Dans la suite on a corrigé ces défauts; mais on est allé à une autre ex-

extremité : Bien des gens qui se sont piqués d'Eloquence, en voulant s'élever au dessus du vulgaire, se sont guindés dans les nues. On a reflêchi sur ces écarts, on y a renoncé, & on a travaillé à revenir à la Nature. C'est ainsi qu'elle nous porte à croire un grand nombre de verités auxquelles les bonnes gens se rendent, sans se mettre en peine d'en demander des preuves. Quelques uns en ont voulu chercher, & pour s'assurer davantage de leur exactitude, ils se sont tellement laissé aller au plaisir de les chicaner qu'ils se sont embarassé lésprit de mille doutes. Dautres enfin en reflechissant avec plus de bon sens se sont apperçu de la vanité de ces doutes & se sont affermis dans leur premiere certitude.

Ensuitte Mr. de Gamaches plaint par une apostille, l'Academie d'e-voir donné commission d'examiner les Discours qui lui ont été presentés, à des Juges qui poûroint faire tort à son discernement & à sa reputation, puis qu'il leur est arrivé de ne lui assigner pas le prix. Pour moi j'ignore en verité de quelle maniere

niere les choses se sont passées; je ne m'en suis pas même informé, mais j'avoue que mon amour propre me dit que l'Academie conoit ses Membres & qu'elle n'aura pas voulu donner la commission d'examiner les premiers Discours qu'on a soumis à son jugement, à ceux dont l'habileté pouvoit le moins du monde lui être suspecte.

„ On voit que les plus habiles „ hommes peuvent se tromper „ quand ils jugent sur des oui dire. Mr. de Gamaches n'avoit pas encor vû ma Piece: Voila pourquoi il s'est mépris sur la premiere des supposi-tions qu'il m'attribue. J'ai évité de prendre d'autres principes que ceux dont je croyois avoir absolument be-soin: Par cette raison je n'ai point voulu faire dépendre mes preuves & mes pensées sur le Mouvement ni de l'hypothese du Plein, ni de l'hypo-these du Vuide. J'ai conçu que les Loix d'une bonne methode deman-doient que les principes fussent les plus simples &, en aussi petit nom-bre qu'il se pouroit, & que les con-sequences en fussent tirées avec le plus de précision & de brieveté que

la

la Matiere le comporte. Quand on
s'écarte des sentimens ordinaires, on
est obligé de s'étendre unpeu & quelquefois beaucoup plus qu'on ne feroit
sans cela. Je me servirai de cete raison pour excuser ma longueur: Sans
cela j'aurois renfermé ma dissertation
dans un plus petit nombre de pages.

„ Je dirai encor un mot sur ces
„ dernieres paroles. On doit presu-
„ mer que Messieurs les Juges tien-
„ nent encor à l'idée fondamentale
„: de la Philosophie moderne; mais
„ ils reçoivent les consequences des
„ principes de l'ancienne Ecôle. E-
„ xemple singulier d'une neutralité
„ parfaite.

Si les Juges établis par l'Academie
ne se font pas trompés & ont compris que, sans abandonner ce que la
nouvelle Philosophie présente de vrai
sur le Mouvement, on peut s'éloigner de quelques idées à la mode & le
regarder comme un état réel & actif,
relatif à la verité, mais non pas necessairement reciproque, si, dis je,
ils ne se font pas trompés, ils meritent cet éloge à la lettre, & c'est en
vain qu'on le leur addresseroit comme

me une Ironie, il s'agit de prouver & non pas d'égayer un Lecteur. Un Avocat marque, par des traits de cette nature, son zele pour sa partie, en cela il lui fait plaisir, mais il n'établit pas mieux son droit, & par là il ne la sert pas mieux.

Ce que Mr. de Gamaches a ajouté & qui regarde les Questions de 1721. fait plutôt contre lui que pour lui ; car toutes les Loix de la Nature que posent les defenseurs du système des Causes Occasionelles ont pour leur fondement general ce Principe, Qu'il étoit de la sagesse de Dieu de mettre constamment de la proportion entre les effets & leurs causes, soit que ces causes, & ces effets fussent réels ou que les causes ne fussent qu'apparentes. Puis donc que le mouvement produit n'est pas toûjours proportioné au mouvement qui paroit produisant & passe constamment pour tel à ceux qui s'arrêtent aux Causes secondes, la proportion apparente entre la Cause & l'Effet est très éloignée d'avoir lieu contre le principe general du système. Or cela même doit

fai-

faire soupçonner de peu d'exactitude le fait sur lequel on raisonne. Aussi raisonne je sur ce cas autrement qu'on n'a accoutumé de faire.

Que du point *A* on tire une parallele à la Ligne *BF*, laquelle j'appellerai *AP*. Que le mobile *A* soit poussé par une force suivant la direction *AB*. Et par une autre suivant la direction *AP*.

Que le premier de ces chocs soit d'une force à faire parcourir *AP* de 4. mesures, dans le tems precisement que l'autre feroit parcourir *AP* de 3. Au lieu de dire, En vertu dun de ces chocs, au bout d'un tems determiné, le Mobile *A* doit se trouver vis à vis de *P*, & en vertu de l'autre vis à vis de *B* ; d'ou je conclus qu'il se trouvera en *G* extremité de la Diagonale du Parallelograme, dont *AP* & *AB* sont les côtés, je dis, Par un des chocs le Mobile est determiné à s'éloigner du point *A* de 4 mesures: Par l'autre il est determiné à s'en éloigner de 3. Donc, par les deux, il sera determiné à s'en éloigner de 7. Cela me paroit plus naturel & plus simple que non pas ces deux positi-ons

ons vis à vis, qui me semblent supposer quelque chose qui n'est pas prouvé,
oudu moins qui en peut être soupçonné

Aprés cela j'ajoute, A cause de
l'impression suivante *AB*, le mouvement du Mobile ne se fera pas sur
AP, & à cause de l'impression suivante *AP*, il ne se fera pas sur *AB*.

Ce sera donc sur une 3ᵉ. Ligne qui
s'inclinera sur *AP*, plus que sur *AB*
à proportion que la force suivant *AP*
est plus forte que la force suivant
AB. Or la Diagonale se trouve précisément dirigée suivant cete proportion. Donc le Mobile s'éloignera
du point *A* suivant la direction d'une
telle Diagonale.

Dés là il sera naturel de conclure que le choc direct de ce Mobile sera precisément le choc direct d'un Mobile qui vient de parcourir 7 mesures, & qui par consequent pousse son égal à lui en faire
parcourir 3½, & que les chocs obliques seront l'un comme s'il venoit
d'un Mobile qui en auroit parcouru
4 De sorte que, rencontrant dans
cette position, deux corps égaux à

lui, il hurteroit l'un d'une force à lui faire parcourir une mesure & demi, & l'autre avec une force à lui en faire parcourir 2.

Jusques ici je nai pas compris que les raisonnemens qu'on à fait sur les Mouvemens obliques, prouvassent rien sur la longueur du chemin parcouru le long d'une Diagonale; mais je les ai trouvés démonstratifs pour ce qui est de la direction sur la Diagonale.

Dés qu'un Mobile vient à hurter des Corps obliquement, soit que lui même ait été mis en mouvement par une seule impulsion on par deux les forces avec lesquelles ce Mobile pousse les Corps qu'il rencontre obliquement, sont bien entr'elles comme les côtés d'un Parallelograme, dont la Ligne décrite est un Parallograme. Mais ces côtés ne sont pas la mesure des chocs obliques, dans un tel sens que, pendant le tems précisément que le Mobile aura parcouru la Diagonale, les deux Corps égaux à lui, qu'il rencontrera obliquement fassent le premier un chemin égal à la moitié d'un des côtés & le second un chemin égal à la moitié de l'autre, lors que le Mo-

bile, aprés avoir écarté ces deux obstacles, fera encore, pendant ce même
tems, un chemin égal à la moitié de
la Diagonale qu'il vient de parcourir.

Les demonstrations qu'on apporte
ne prouvent point cela, l'application que l'on en fait aux phénomenes
est trés juste lors que l'on se borne à
regarder les chocs obliques simplement comme ayant la même raison
que les deux côtés du Parallelograme ont entr'eux.

Qu'on partage le mouvement AD
x m en deux parties qui soient entr'-
elles comme AP est à AB. Que
l'on appelle la premiere de ces divisions q, le corps n se trouvera poussé
par le Corps m precisément par une
force égale à celle d'un choc direct
dont la quantité seroit q x m.

Sans cela il est aisé de voir que,
par le moyen des chocs obliques in-
comparablement plus frequens que
les autres, le Mouvement seroit d'a-
bord multiplié à l'infini & se multi-
plieroit infiniment plus qu'il ne faut
pour reparer les forces des Mouvemens directement contraires. D'ailleurs ces sortes de compensations &

H 2

de

de reparations, qui tantôt pourroient
laisser le mouvement s'augmenter
prodigieusement, tantôt s'affoiblir
de même, ne paroissent pàs satisfaire
à la necessité que le Mouvement se
conserve dans une quantité égale, ou
à peu prés égale ; sans compter que
ces accroissemens, pour n'être pas
regardés comme les effets de rien,
doivent être imputés à des qualités
occultes & à des causes chimeriques.
Il me paroit que ces Matieres meri-
teroient bien l'attention des Physi-
ciens ; mais il faudroit de côté &
d'autre un amour de la verité qui fit
tomber toutes les préventions & qui
prévint toutes les piques des disputes
& les jalousies de l'amour propre. Je
suis persuadé qu'il se trouve des Philosophes de ce caractere, & il faudroit que je fusse bien vain & bien
fou pour m'imaginer qu'à cet égard
là je n'ai point d'égaux. Malheu-
reusement les personnes tranquiles
demeurent dans l'inaction, & les con-
ferences Philosophiques sont aban-
données à la vivacité de ceux qui ne
regardent les sciences que comme un
chemin qui doit les conduire à la gloire

Fin de la Reponce à Monsr. de Gamaches.

QUELLES SONT LES LOIX SUIVANT LES QUELLES UN CORPS PARFAITTEMENT DUR MIS EN MOUVEMENT, EN MEUT UN AUTRE DE MEME NATURE, SOIT EN REPOS, SOIT EN MOUVEMENT QU'IL RENCONTRE, SOIT DANS LE PLEIN, SOIT DANS LE VUIDE.

PREMIERE PARTIE.

Qui peut servir de préface.

1. LOrsque dans l'ancienne Ecole, on posoit que le Corps naturel est celuy qui renferme en soy le principe du repos & du mouvement. Tout obscur & tout equivoque que fût ce langage, Il ne laissoit pas de renfermer quelque verité. Les corps qui Composent l'Univers sont susceptibles de l'Etat de Repos & de celuy de Mouvement, Et c'est de la combinaison de ces deux

La connoissance du mouvement est le chef de la Physique.

H 3   Etats

Etats que refultent tous les phenomênes de la nature.

Pendant qu'on ignorera la nature
du mouvement, fes effets, fa maniere d'agir, ou qu'on n'aura fur ces premiers fondemens de la phyfique que
des idées vagues & peu exactes,
c'eft en vain qu'on fe flattera de pouvoir faire de grands progrés dans cette fcience.

Les conje-
ctures trom-
pent ai-
fément.

2. L'indulgence qu'on a eu pour
des conjectures poffibles tout auplus,
& dont les plus heureufes n'alloient
jamais au de là de la vraifemblance, a
été la caufe des tenebres ou la Phyfique
a refté pendant plufieurs fiecles. Dés
qu'on s'eft permis de bâtir fur des
principes, en l'air, plus l'Edifice
s'eft élévé, plus il s'eft trouvé chargé d'incertitudes, & les fyftêmes les
plus pouffés font devenus les plus in-
foûtenables.

On s'eft aperçeu de cette faute &
de fes effets; On a compris qu'il falloit prendre une route opofée, au lieu
d'imaginer, on a penfé qu'il falloit voir,
confulter la nature elle même, & fe
faire inftruire par une longue fuite
d'experiences.

On

On a donc posé pour vrays *Princi-pes de verités établies par un tres grand nombre de faits*, par exemple *La pro-pagation de la lumiere se fait en ligne droitte. Langle de reflexion est égal à celuy d'incidence. Dans la refraction les sinus gardent une proportion constanté. Un corps à ressort se débande avec une force proportionnée au degré de sa com-pression.*

De ces principes on à vû naitre une enchainure de consequences, qu'on a eu soin de confirmer encor par de nouvelles experiences.

3. Il est difficile d'aller plus loin, on l'a senti, d'habiles gens même ont regardé, à peu prés comme impossi-ble, cequ'il leur a parû trop difficile on a craint de se tromper dés qu'on perdroit de veüe l'experiance & qu'-on se hazarderoit a quelque chose de plus quà repeter cequ'elle apprend.

Il est pourtant vray que l'inducti-on seule ne nous amenera jamais a des conclusions universelles. Detemps en temps il surviendra des cas qui deran-geront les Principes d'experience. La refraction du Cristal d'Islande en est une preuve, & depuis quelques an-nées

Les experi-ences senties ne suffi-sent pas

H 4

néés on en a trouvé en France, dont
on a heureusement & observé & expliqué les proprietés.   Les effets des
chocs varient, non seulement suivant
que les corps sont mols ou à ressort;
Ils varient encor suivant qu'ils sont
plus ou moins mols, & que leur ressort est plus ou moins exquis; & les
chocs des Mobiles de même espêce
réussissent differemment suivant que
ces mobiles sont plus gros ou plus petits, & qu'il se meuvent avec plus
ou moins de vitesse.   On ne sçauroit
expliquer exactement ces phenomé-
nes, si l'on ne distingue avec précision cequ'un mobile consume de sa
force pour pousser en avant la masse
qu'il rencontre, d'avec cequ'il en pert
a ployer ses parties, & d'avec ceque des
parties une fois ployées ajoûtent, en
se retablissant, au mouvement progres-
sif des masses, ou en retranchent.

Necef-
sité de
cette
question

4. Or faire abstraction detous les
effets de la mollesse, ou du ressort
pour determiner celuy que doit produire le choc immediatement & par
luy même, c'est établir cequi arriveroit
au cas que les masses des mobiles fussent d'une solidité parfaitte.

La

La connoissance des premiers principes est certainement tres digne de la Curiosité de l'esprit humain ; & quand même leur découverte seroit encor plus difficile, qu'on ne se l'imagine ; il y a si peu detemps qu'on les cherche, par une methode propre à y conduire, qu'on auroit grand tort de perdre courage & de renoncer à l'esperance de les trouver, parcequ'on ne les a pas encore saisis ; L'experience peut servir a demontrer par des consequences bien tirées, ce. quelle ne prouve pas immédiatement.

On ne sçauroit disconvenir que les effets les plus grands & les plus surprenans ne soient dûs a des causes qui se dérobent a nos yeux par leur extrême petitesse, autant que par la rapidité de leurs mouvements. Or dans L'hypothese du plein c'est une necessité qu'il y ait depetits corps sans pores, & d'une parfaite Dureté; Car les particules qui traversent & remplissent les pores, sont de re chef poreuses ou parfaitement solides ; Il faut necessairement s'arrêter a ces dernieres. Une division depetit en

H 5

petit

petit n'eſt jamais actuellement pouſſée juſquà l'infiny.

Si ceux qui tiennent pour le vuide ſuppoſent de plus qu'il ny a dans
l'univers, aucun corps ſeparé des autres, pour petit qu'il, ſoit, qu'il
n'ait des pores, ces petits corps,
pour poreux qu'on les ſuppoſe, ont
neceſſairement quelque partie qui
n'en a pas, & une petite particule,
non poreuſe, peut tellement être placée, par rapport a une autre, ou
s'appuyer ſur elle d'une telle maniere,
qu'un choc d'une certaine direction,
tombant ſur ces particules, agira par
leur moyen ſur la maſſe, qu'elles
compoſent, comme ſi elle étoit par
tout ſans pores.

Les particules *C* & *C* peuvent s'approcher de même que *g* & *f*. Comme
auſſy *a* & *b*. Mais quand la molecu-
le *cgfc* tombe ſur la particule *A*
comme on le void dans la figure,
il ne peut ſe, faire aucun ployement

Quand

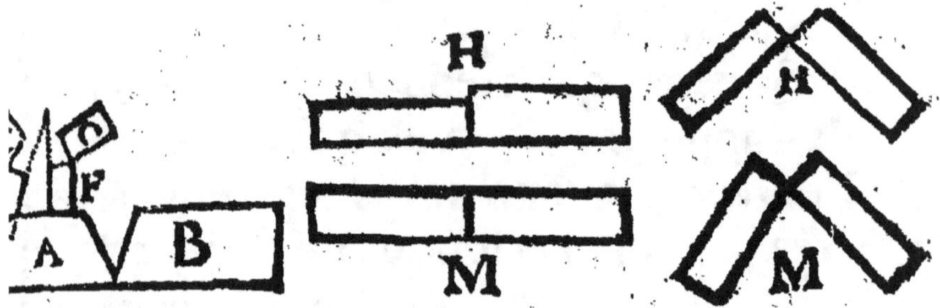

Quand les molecules *b* & *m* se sont
une fois ployées comme on le voit
en *S.* elles se choqueront comme
feroient des corps parfaitement durs.

5. Je pense que c'est là cequil faut
entendre par un corps parfaitement
dur, sçavoir *un corps dont le choc ne
ploye point les parties.* Et que parconséquent n'est ni mol ni à ressort.

Il n'est point necessaire de décider
ici, s'il est possible ou non, de casser un tel corps, car puisque les corps
dont les parties ployent sont poussés
en avant sans rupture; a plus forte
raison le choc aura-t-il cet effet sur
ceux dont toutes les parties se touchent immédiatement, & sans laisser
entr'elles d'intervale. Enfin quand
même des corps sans pores viendroi-
ent a se briser, ils ne se ménuiseroi-
ent pas a l'infini. Il y auroit donc
des parties qui demeureroient solides,

On
leve une
Equi-
voque.

& ces parties solides seroient poussées
en avant. On demande donc quelle
sera la vitesse d'un corps parfairement
solide, poussé par un autre de la même solidité.

On conti- nue d'é- tablir l'etat de la questi- on,

6. Pour se procurer une connoissance exacte de la force & des effets
du choc, on ne se contente pas de
faire abstraction de la porosité des
corps, & de leur disposition a se ployer, ou à se casser, on met encor à
part tout ce que le liquide environ-
nant peut ajoûter, ou ôter a la force & aux effets du choc; on met a
part toutes les modifications qu'il
peut y apporter. Or ne faire aucune attention à ce que peut & que fait
le liquide qui environne des mobiles,
c'est avoir uniquement égard a cequi
leur arriveroit s'ils se mouvoient dans
le vuide.

Qu'on se represente deux poissons
qui parcourent chacun deux toises,
dans une minute seconde, par un
mouvement opposé; Au commencement de cette minute, ils etoient é-
loignés de quatre toises; ils se rencontrent au millieu de cet espace, ils
se heurtent & leur choc est d'une force

ce determinée. Quelle eſt la force de ce choc? Je dis qu'elle eſt équivalente a celle avec la quelle deux oiſeaux d'une maſſe & d'une Legereté proportionnée ſe rencontreroient & ſe pouſſeroient, aprés avoir décrit dans l'air chacun, dans le temps d'une minute ſeconde, deux toiſes par des mouvements oppoſés. Car quand même il faudroit dix fois plus d'effort & de quantité de mouvement pour parcourir deux toiſes dans l'eau, que pour parcourir la même Etenduë dans l'air, la viteſſe reſpective des deux poiſſons ſeroit toûjours la même que celle des deux oiſeaux; Et ſi deux degrés de mouvement auoient ſuffi al'un de ceux cy, pour luy faire parcourir deux toiſes; des vingt degrés qui auroient été neceſſaires au poiſſon, & qu'il auroit eu au commencement, s'il en avoit conſumé 18. contré l'Eau, il n'auroit heurté l'autre poiſſon qu'auec deux. Quand donc le liquide dans lequel deux mobiles nagent, agit ſur l'un comme ſur l'autre, & leur fait également perdre de leur mouvement primitif, on n'a égard qu'a ce qu'ils ont de viteſſe,

La ſuppoſition qu'on fait icy s'eclaircira dans la page 15 Et dans la page 16. b

H 7

l'un

l'un par rapport à l'autre, au moment de leur rencontre, & l'on dit
que leur choc est tel qu'il le seroit,
s'ils se rencontroient, dans le vuide
avec une telle vitesse.

SECONDE PARTIE

Des chocs qui ne sont pas contraires.

**I.
Com-
muni-
cation
dumou-
vement**

Dés qu'un corps en Mouvement en
rencontre un en Repos & le touche; par ce contact des deux masses
il ne s'en forme qu'une, & puisque
le mouvement est un Etat actif de sa
nature & le Repos sans activité. Le
mouvement du Premier ne sera pas
détruit par le Repos du second. Et
puisque celuy là ne peut pas continuer sa Route, sans entrainer celui
ci, l'état de la nouvelle masse,
composée des deux sera un état de
mouvement.

Mais leur assemblage ne doit pas
avoir plus de mouvement, que n'en
avoit l'assemblage des parties du corps
frapant. Rien ne se fait sans cause,
&

& d'où eſt ce que cette maſſe tire ſon mouvement? Ce n'eſt pas aſſurément de celle des deux qui étoit en repos, Mais c'eſt uniquement de celle qui ſe mouvoit; de ſorte que la nouvelle maſſe quoique plus groſſe, ne doit avoir qu'autant de mouvement qu'en avoit la premiere, qui en fait une des parties.

Puiſque la ſeconde maſſe eſt plus grande que la premiere, l'Eſpâce qu'elle parcourra crôitra neceſſairement en groſſeur; Il faut donc qu'il diminuë en longueur, dans la même proportion affin de n'être pas d'une plus grande capacité que celuy qui étoit parcouru, dans un temps égal, par la premiere à qui tout le mouvement eſt du.

La maſſe du mobile, quelque figure qu'on luy donne, eſt comme la baze de l'Eſpâce parcouru: Pour avoir la capacité & la quantité entiere de c'et eſpâce (capacité qui eſt la meſure naturelle & eſſentielle de la quantité du mouvement) il faut multiplier cette baze par la longueur; & cela poſé affinque l'Eſpâce, parcouru par les deux maſſes ſoit d'une égale capacité, a celuy qu'auroit parcouru

ru

II.
Diſtribution
du mouvement

ru la maſſe frapante ſeule, dans un temps égal, il faut que ſa, longueur qui eſt une de ſes racines diminuë, à proportion que ſa baze qui eſt l'autre de ſes racines, s'augmente.

Et comme on juge de la *viteſſe* par la longueur de l'Eſpâce parcouru, on voit que la viteſſe de la ſeconde maſſe c'eſt à dire de la maſſe compoſée devient plus petite que celle de la premiere, à proportion préciſément que cette ſeconde maſſe compoſée croit par deſſus cette premiere qui eſt devenuë une de ſes parties.

Si on appelle la *premiere* maſſe *m*; & la *ſeconde*, qui eſt l'aſſemblage des deux, M; la premiere viteſſe V; la ſeconde *v*, on aura $M, m :: V. v$: & $M. V :: m. v$. la ſeconde maſſe eſt a la premiere viteſſe comme la premiere maſſe eſt à la ſeconde viteſſe.

3. Pour determiner au juſte la viteſſe commune aux deux maſſes, aprés le choc, & la quantité de mouvément que l'une reçoit & celle que l'autre conſerve, je conſidere d'abord que toute quantité de mouvement eſt relative, de même que toute quantité en general, car au-

aucune chofe n'eft grande ni petite en elle même, mais feulement par
rapport a quelqu'autre.

Pour comparer les maffes, il faut
leur trouver une mefure commune.
La plus grande eft la plus commode
parcequelle fert à faire exprimer leur
rapport par des nombres plus petits.

Apres cela, la longueur que la premiere maffe a parcouru, d'un mouvement uniforme, dans un temps determiné, cette longueur on la partagera en autant de parties égales,
qu'il y a d'unités dans la fomme des
parties aliquotes, dans les quelles on
a été obligé de divifer les maffes,
pour avoir leur Mefure commune.

Cette Longueur ainfi divifée fera
la mefure dela premiere viteffe, &
en la multipliant par la premiere
maffe, on aura la quantité du mouvement qui précede le choc, la quelle eft la même aprés le choc, Comme nous l'auons prouvé.

En divifant cette quantité par la
fomme des deux maffes, on aura la
viteffe qui fuis le choc.

En multipliant cette viteffe par
la premiere Maffe on aura laquantité
de

de mouvement qui lui reste apres le choc, & en multipliant. Cette même vitesse, par la masse qui étoit en repos, on aura la quantité de mouvement quelle reçoit par le choc.

Cette methode évite toûjours les fractions & par là me paroit laplus commode.

Le Corps en mouvement est du poids *d'une livre* & de $\frac{1}{17}$. le Corps en repos est de $\frac{1}{4}$. de livre, & de $\frac{1}{13}$. Dans l'un je trouve 17. onces & dans l'autre 13. leur rapport se trouve par la exprimé sans fraction; Mais je prevois que ces *nombres premiers*, enferont aisément naître. Pour les prévenir Je me sers dela methode que je viens d'indiquer, 13 x 17 $=$ 30. exprime la premiere vitesse La quantité de mouvement avant le choc est de 30 x 17 $=$ 510. C'est aussi la quantité de mouvement de la seconde Masse 17 x 13 $=$ 30; comme on va le voir: car de ces 510 $=$ 30 x 17, la premiere masse prendra 17. parties, pendant que la seconde n'en prendra que 13. C'est adire que sur la premiere *Trentaine* de degrés il y en aura pour la pre-

premiere Masse 17. & pour la seconde 13. de même dans la 2e. *Trentaine*, de même dans la 3e. De même enfin dans la 17e. La premiere Masse conservera donc 17 fois 17. C'est adire 289. Et la seconde en receura 17 fois 13. C'est adire 221. Entr'elle deux 221. † 219 $=$ 510 $=$ 30 × 17.

Et en general si la *premiere*, est b. la *seconde* c, japellerai b. † c. la vitesse qu'avoit auant le choc, le mobile frapant b.

Sa quantité de mouvement sera donc b † c × b $=$ bb † bc. & ce-sera aussi la quantité de mouvement commune aux deux masses après le choc.

Pour avoir la vitesse Commune je divise bb † bc. par b † c; la quantité Commune par la Masse Commune & jai $\frac{bb + bc}{b + c}$ b.

Cette vitesse je la multiplie par la premiere Masse b & jai bb. pour la quantité de Mouvement qu'elle conserve, je la multiplie par celle qui étois en repos & jay bc pour la quantité de Mouvement qu'elle recoit.

Je

Je Vois par la, qu'en exprimant auec ces precautions les maſſes & les viteſſes, la Viteſſe Commune aprês le choc, ſera deſignée au juſte par la même expreſſion que la premiere maſſe.

La quantité de mouvement que le *mobile frapant* conſervera ſéxprimera au juſte par le *Quarré de ſa maſſe.*

La quantité de mouvement que receura la *ſeconde* maſſe, c'eſt adire le Corps qui étoit en repos s'exprimera par le *produit* des deux maſ-ſes.

Si la maſſe frapante avoit été de 13. onces, & la frapée de 17. la quantité de mouvement avant & aprês le choc auroit été de $30 \times 13 = 290$.

La viteſſe Commune aux maſſes aprês le choc auroit été $\frac{393}{13 + 17} = \frac{30}{30} = 13$.

La quantité de mouvement que la Maſſe frapante conſerveroit dans ce cas la, s'exprimeroit par $13 \times 13 = 169$. la quantité que la frapée auroit receu s'exprimeroit par $13 \times 17 = 221$.

Si

Si c est le mobile frapant la quantité de mouvement sera $cc \dagger bc$. la vitesse Commune aprês le choc sera

$$\frac{cc \dagger bc}{c \dagger b} \perp c.$$

La quantité de mouvement de la partie C sera CC; & la quantité de l'autre bc conformément a le regle.

4. Quand le corps qui frape & celuy qui est frapé sont l'un & l'autre comme on le suppose parfaitement solides, celuy qui etoit en repos reçoit, dans un instant toute son impulsion; car puisqu'il est parfaitement solide aucune de ses parties ne peut aller en avant, sans que toutes les autres avancent de même. Et puisque le corps frapant ne s'arreste point (car le mouvement ne sçauroit être interrompu, par des intervales de repos, sans cesser tout a fait) au moment qu'il atteint le frapé, il se meut luy même & l'entraine avec luy. Un mobile A parcourt successivement la ligne *AB* & quand il est parvenu a l'extremité B, Il ne s'y arreste point, mais il la quitte incessamment.

l'Effet du choc produit dans un instant.

Il parvient à l'extremité B à la fin

du

du temps quil employe a parcourir la longueur *AB*, & cette fin d'un premier temps est immédiatement suivie, & sans aucun intervale, du Commencement d'un second. Si donc un Corps en repos a précisément, sur l'extremité *B*, celle de ses surfaces qui est tournée vers *A*. Ce Corps sera touché a la fin d'un premier temps, & en partira immédiatement aprés, au Commencement d'un second, & comme deux surfaces qui se touchent immédiatement, se touchent sans aucun intervale, la fin d'un premier temps, est aussi immédiatement suivie & sans aucun intervale du commencement d'un second.

Des que le corps *A* solide a touché le corps d'un second aussi parfaitement solide *B*. & l'a mis en mouvement quoyqu'il le suive & continue à s'appliquer sur luy immediatement, il n'augmente pas pour cela sa vitesse, parceque celuy des deux qui suit, ne se meut pas plus vite que celuy qui le précede.

Dans les corps même qui font tres eloignés d'une solidité parfaite, il ne

se

se fait pas toûjours un nombre de secousses qui se succedent l'une a l'autre. Dans une cuve toutes les parties de la colomne pressent en même temps le fonds inferieur car comme une partie b repose sur d, ainsi une partie f repose sur b, la pression de f sur b se fait en même temps que celle de b sur d. En même temps encor que d cede a b. b aussi cede a f: il en est ainsi de toutes les autres, & si au moment que d part en vertu de la pression, & du choc de toute la colomne ab. cette colomne étoit aneantie, la partie d continueroit a se mouvoir de d vers g, avec toute la vitesse avec la quelle elle descend lorsque la colomne ab la suit.

On se tromperoit encor si l'on se figuroit un corps à ressort composé d'une infinité de petits ressorts, qui feroient chacun, l'un aprés l'autre, son impression dans un temps infiniment petit, car pour grosse que soit une masse, le nombre des parties d'une grosseur déterminée qu'elle renferme est fini, les parties a ressort sont d'une grandeur déterminée, puisque leur vertu dépend de leur

tis-

tiſſure, & qu'une partie à reſſort ſe
reſſerre & s'étend, & a parconſe-
quent des pores, or vne partie poreuſe n'eſt pas neceſſairement compoſée departies auſſi porcuſes, qu'elle même, il n'y à aucune neceſſité
de faire une telle ſuppoſition.

**Obje-
ctions
reſolues**

5. On croid communément qu'aucune action ne ſe fait dans un inſtant,
& je me trompe, ou j'ay lû quelque
part cette maxime au nombre des
axiomes: Mais c'eſt là une de ces *in-
ductions* qu'on tire d'un nombre in-
ſuffiſant d'experiences, les quelles on
n'examine pas aſſez attentivement.
Il faut un eſpace de temps affin qu'un
mouvement devienne ſenſible, &
qu'un mobile parcoure une longueur
que nos yeux puiſſent diſtinguer.

Quand on paſſe rapidement la main
ſur la flame, loin de ſe bruſler, a-
peine en apperçoit on la chaleur,
Mais on ſe trompe, quand on regarde la flame, comme un corps conti-
nu: ſes parties ſont écartées l'une de
l'autre, elles ſont outre cela tres petites, & par la chacune ne fait qu'u-
ne legere impreſſion, il faut laiſſer le
temps a une premiere, ou à une ſe-
con-

conde, & aprés cela à une troisiéme, de revenir à la charge & d'augmenter l'impreſſion.

Une de nos fibres n'eſt que tres peu ébranſlée, par le premier coup, Le ſecond redouble cet ébranſlement, le Troiſiême l'augmente encor. Ces impreſſions réiterées empêchent aux parties quelles ont ébranſlé, de reprendre leur ſituation, & en continuant de les écarter, elles les ſeparent enfin tout a fait, & juſques à cequ'une ſeparation ſoit faite, ou qu'un ébranſlement ſoit parvenu a un certain degré, on compte ſouvent un choc comme nul, on le croid ſans effet.

VI. On voit par la pourquoy un mobile, quoique mû aſſez rapidement, paroitra n'ebranler point le corps en repos, ſur lequel il tombe, & n'y produire aucun mouvement, Que b ſoit d'une once, & c de 1000; Quand même b viendroit de parcourir 10. pieds, dans une *ſeconde*, il ne produiroit dans le corps c, qu'un mouvement imperceptible, car ſi on conçoit cette longueur de 10 pieds diviſée en 1001. parties ; puiſque

D'ou vient que des chocs paroiſſent ſans éffet.

1001X1 = 1001. la vitesse aprés le choc ne sera que de $\frac{1001}{1001}$ = 1 , c'est a dire que le corps c n'avancera pas de la milieme partie de 10 pieds, par-consequent il n'avancera pas de la centiéme partie d'un pied , il n'avan-cera pas d'une ligne & un tiers dans une minute seconde : ce progrés est imperceptible dans une masse de 1000 onces.

Loix du mouvement quand le mobiles se portent vers le même terme.

VII. Lors que deux corps parfai-tement solides se meuvent du même côté, jappelle b celuy qui a le plus de vitesse, & qui atteint l'autre, & celuy cy je l'appelle c. soit sa vitesse f j'appelle celle du premier $b + c$.

Il est Incontestable qu'un mouve-ment moins vite sera fortiffié par un plus grand. Le Mobile c s'avancera donc apres le choc , plus rapide-ment qu'il ne faisoit avant le choc.

La quantité de mouvement de ces deux mobiles joints ensemble, s'ex-primera par la somme des mouvemens qu'ils avoient auparavant.

b Avoit $bb + cc$. Apres le choc il y aura donc, $$\frac{bb + bc + fc}{b+c} = b + \frac{fc}{b+c}$$

C'est à dire que la vitesse, aprés le

le choc, s'exprimera par le nombre des parties aliquotes du mobile le plus vite, plus la quantité du mouvement qu'avoit le plus lent divisée par la somme des mobiles.

Soit $b = 17.$ $c = 13.$ la viteſſe ſera $17 \times \frac{12}{30}$. Le mouvement de b ſera de 289. (Quarré de 17) plus $\frac{663}{30} = 289 + 22\frac{1}{5} = 311 + \frac{1}{5}$

Le mouvement de c ſera $17 \times 13 +$ $\frac{17 \times 3}{30} = 221 + 16 + \frac{14}{10} = 237 + \frac{9}{10}$. En tout 549 $= 17 \times 30 + 13 \times 3$.

Si c avoit eu le plus de viteſſe & avoit atteint b & qu'on eut appellé ſa viteſſe $b + c$ $(17 + 13)$. Si la viteſſe de b eût été $f = 3$. Aprés le choc la viteſſe commune eût été $\frac{cc + bc + fb}{c + b}$

$= c + \frac{fb}{c + b} = 13 + \frac{51}{30}$

Le mouvement qui ſeroit reſté dans c avroit été $13 \times 13 + \frac{51}{30} \times 13 = 191$ $\frac{1}{10}$ & celuy de b $13 \times 1 + \frac{51}{30} \times 17 =$ $249 + \frac{9}{10}$. En tout 441 $= 13 \times 30 +$ 17×3.

VIII. On connoit b. on connoit c (les deux mobiles) On conoit donc $bb + bc$. La quantité du mouvement

de

Pro-
blême.

de b. on conoit fc quantité que b donnera de ſon mouvement à c. qui aura enſuitte x $x fc$.

Soit $bb + bc = a$ & $fc = g$. Dans b il reſtera $a - x$ & dans c il y aura $g + x$.

La viteſſe de b & celle de c apres le choc ſeront egales. Donc $\dfrac{a - x}{b}$

$= \dfrac{g + x}{c}$ Donc $ac - cx = bg + bx$

Donc $ac - bg = bx + cx$.   Donc $x = \dfrac{ac - bg}{b + c}$.

Theo-
reme.   IX. Puiſque $\dfrac{a - x}{b} = \dfrac{g + x}{c}$ $b . c ::$

$a - x . g + x$ Comme la maſſe qui pourſuit, & qui atteint, eſt a l'autre; ainſi cequelle conſerve de ſon mouvement, eſt a ce qui s'en trouve dans l'autre, aprés le choc. En effet puiſque les viteſſes ſont égales aprés le choc, les quantités de mouvement doivent eſtre proportionnelles aux maſſes.

Formu-
le gene-
rale.   X. Pour amener a une ſeule formule les deux cas précedens ; j'appelerai toûjours la quantité du mouvement qui précede le choc $bb + bc + fc$.

                                             &

& cette quantité est égale a celle qui suit le choc.

La vitesse commune qui suit le choc sera donc $\frac{bb + bc + fc}{b + c}$

Quand le corps c est repos, c'est a dire, lorsque sa quantité de mouvement est infiniment petite, ou nulle, on aura $fc = o$. & alors la vitesse commune aprés le choc sera $\frac{bb + bc}{b + c} = b$

SECONDE PARTIE

Des choc contraires.

JE viens a un cas dificile, & sur le quel, il me paroit que les sentimens peuvent se partager avec plus de vray semblance, il s'agit de determiner ce qui arrive quand des masses parfaitement solides se choquent par des mouvements opposés.

I. La cas le plus simple est celuy ou tout est égal ; masses & vitesses, & la decision de celuycy regle celle des autres. Cas fondamental.

I 3

On

On croid que deux boules égales, & parfaitement solides l'une & l'autre, tre, qui se chocqueroient avec des vitesses opposées & égales, a plomb & dans la direction d'une ligne qui joindroit leurs centres, s'arresteroient tout court, & passeroient en un instant de l'Etat de mouvement à celuy de repos.

II. J'ay appris d'un officier (& il enavoit été le temoin) que le hazard ayant fait rencontrer deux boulets, ils tomberent a terre. Mais ni cette experience, ni aucune autre, ne peut decider cette question, puisque nous n'avons aucune masse d'une solidité parfaite, il est aisé de comprendre que deux mobiles consument le mouvement avec lequel il se portoient l'un contre l'autre, a ployer, & froisser reciproquement les parties dont ils sont composés. Cela ne sçauroit arriver sans que la matiere qui est dans leurs pores n'en soit chassée avec une extrême vitesse Reflechie en suitte par l'air quelle rencontre, elle rentre dans ces pores au moins en partie, & elle en est ensuitte repoussée. En un mot il se produit, & dans les parties mêmes des corps solides, & dans la matiere qui

qui remplit leurs pores une infinité de trémouſſemens ſur les quels le mouvement direct des mobiles ſe conſume.

Quand on frape d'un bâton quelque corps, ſi ni ce corps frapé ni le bâton qui le frappe, ne caſſent, on s'aperçoit d'un vif trémouſſement, non ſeulement dans la main, mais encor dans les parties du bâton qu'elle tient.

J'ai vû des gens qui caſſoient contre leurs front & même contre leurs coude des aſſiettes de bois epaiſſes d'un pouce; Pour peu que la crainte faſſe moderer le coup, toute l'impreſſion s'arrête ſur le front, ou ſur le coude, & y cauſe de vives douleurs. Ceſt ainſi encor qu'on caſſe, ou qu'on ne caſſe pas des verres, ſur les quels un bâton eſt ſoutenu, ſuivant que le coup dont on le frape, eſt ou n'eſt pas aſſé vit, & par la ou parte tout entier ſur le baton qu'il caſſe promptement, ou paſſe de luy ſur les verres. Ceſt par cette raiſon qu'un bois dur s'echauffe, quand ou le lime, ſurtout ſi la lime n'eſt pas aſſez fine. Quand un mobile ne continue pas à s'élancer directement, ſon mouvement direct ſe change en

une

une àgitation de trémouſſement.

On ne peut rien ſuppoſer de ſemblable dans les parties des corps parfaitement ſolides.

Utilité des Experiences.

III. Lors qu'on traitte vne matiere a experience, on s'épargne bien des paroles, & quelques fois bien des recherches. Tantôt une experience tient laplace d'une lòngue demonſtration, & tantôt une experience contraire a une Conjecture vray ſemblable, empéche qu'on ne ſe fatigue inutilement à chercher des raiſons pour la démontrer. Mais ſur la Queſtion dont il s'agit, on n'a pour principes que des Idées ? Il faut tâcher de bien établir la notion du mouvement, & d'en déduire tout le reſte ; S'il ſe trouve quelques Experiences dont on puiſſe tirer quelque ſecours, c'eſt par le ſoin qu'on prendra d'en ſeparer toutes les circonſtances qui varient l'action du mouvement en luy même.

Deux mobiles d'une force égale qui ſe rencontrent & ſe choquent directement par des mouvemens oppoſés détruiront ils reciproquement les effets l'un de lautre, aupoint de faire

re

re évanouir leurs deux mouvements?

Se repousseront ils reciproquement l'un, l'autre; & par la rebrousseront ils, avec la même vitesse qui les avoit porté l'un contre l'autre?

Le mouvement est un Etat réel & actif. Suit il de là, qu'il ait la vertu de prendre une nouvelle direction des qu'un obstacle insurmontable luy empéche de continuer celle qu'il avoit?

Le mouvement d'un Corps ne diminue-t-il qu'à proportion de ce qu'il en produit dans un autre, & quand il en rencontre un qu'il ne peut ébranler garde-t-il tout celuy qu'il avoit, & en change-t-il seulement la direction?

Il seroit bien difficile de prouver qu'un homme qui répondra à la premiere de ces question, en affirmant, & en soûtenant que les deux mouvements s'évanoviront, pense assez peu à ce qu'il dit, pour soûtenir une impossibilité.

On neprouvera pas plus aisément, que ceux qui prendront, le même party sur les trois suivantes, tomberont en contradiction. Ces cas

me parroiſſent poſſibles, & Dieu auroit pû établir, pour Loy du mouvement, dans de tels cas, celle qu'il
luy auroit plû de ces quatre.

Je me rends attentif a l'oppoſition
de deux mouvemens & dés là je me
repreſente qu'ils ceſſent l'un & lautre; Ce que je me repreſente eſt
poſſible, Mais il ne ſenſuit pas qu'il
ſoit vray & que lachoſe doive neceſſairement arriver.

Un autre dira, les deux mobiles ſe
repouſſent reciproquement, par des
mouvemens contraires & égaux; aucun ne donne de ſon mouvement a
l'autre, ladeſſus on çonçoit que chacun conſerue le ſien, & rebrouſſe
avec autant de viteſſe, qu'il etoit
venu. Je ferai ſur cette ſeconde Idée
la même reflexion, que ſur laprécé-
dente: Cela pourroit étre poſſible,
ſans étre ſur.

Si on avoit des Corps d'une ſolidité parfatte, on ſe feroit inſtruire
par lexperience, & ſi elle tournoit
d'une maniere oppoſée a láttente où
lón étoit, & a l'idée qu'on s'étoit
fatte, on ſe rendroit plus attentif à
cette Idée, on en découvriroit les
de-

defectuoſités , & on luy en ſubſti-
tueroit une plus juſte.

Faute de ces experiences déciſi-
ves, chacun garde la ſienne, peut-
eſtre parceque, ceſt la premiere, qui
luy eſt venuë dans l'Eſprit ; peut-eſtre parcequ'elle luy paroit la plus
commode, peut-eſtre enfin, parcequ'elle ſe trouve liée a d'autres notions, qui par l'effet de diverſes combinaiſons, ont dupouvoir ſur ſon
eſprit.

Je vois que le choc des Corps mols,
a les effets que j'ay attribué à celuy des Corps parfaitement durs,
lorſque l'un de ces Corps mols ne-
tombe pas aſſes rudement ſur l'autre,
pour conſumer une portion ſenſible
de ſa force en ployement de parties ;
On conclud de là à la force que le
choc a par luy même ; & les effets
de cette force combinés avec ceux
du reſſort, & verifiés par l'experience, confirment les regles à l'eta-
bliſſement des-quelles l'idéé du mouvement a conduit.

Mais ces ſecours manquent dans le
cas preſent, dumoins ne ſçauroient ils
établir une parfaite certitude. Je vois

 bien

bien que deux Corps mols, aprês s'étre choqués par des mouvemens directement contraires & égaux, s'arrêtent fur le champ. Mais qui m'aſſurera que leurs mouvemens directs ne fe font pas détruits par l'ébranlement, & par le froiſſement, deleurs particules, & que fans un tel effet, ils auroient rebrouſſé fans perte?

Avec tout cela, on ne l'aiſſe pas d'etre porté a juger des chocs qu'on ne voit pas fur le pied de ceux qu'on voit. Par là il peut arriver, que les concluſions les plus liées à des principes bien prouvés, ne laiſſeront pas de paroitre paradoxes, dêtre fuſpectes de fophiſme, & de rendre leurs principes douteux.

Aulieu de prendre parti dans cette controverfe, je me determine a deux chofes, 1°. J'expoſerai las raiſons qui peuvent fervir à appuyer les deux hypotheſes qu'on peut fuivre fur cette Queſtion. 2°. J'etablirai les Loix du choc & de fes Effets, fuivant l'une & lautre de ces hypotheſes.

Peut eſtre que fi ceux qui ont travaillé à perfectionner la phy-

fique

fique avoient un peu plus fufpendu leur jugement, & s'étoient conten- tés de propofer leurs idées, comme des conjectures à examiner, on auroit moins perdu de temps en contefta- tions, & peutêtre que la chaleur des difputes, & la fauffe honte qui la fuit, auroient moins fermé les yeux à la lumiere de là Verité.

IV. Ceux qui prétendent que les chocs égaux en force, & directe- ment contraires, doivent être incon- tinent fuivis de repos dans les Corps parfaitement folides, ont pour eux l'Experience des Corps mols, & la maxime qu'un contraire fe d'etruit par fon contraire; le plus fort lém- porte, & quand ils font egaux, ni l'un ne l'autre n'a d'effet.

L'applatiffement des Corps mols & le grand trémouffement qui fur- vient à leurs parties, paroift beaucoup affoiblir cette preuve d'experience.

On répond a làrgument tiré de la *Maxime des contraires* que les *directi- ons contraires ceffent*, s'il implique contradiction que l'une ne detrui- te pas l'autre. Que les deux directions fubfiftent telles qu'elles

Expofi- tion des deux hypo- thefes.

I 7

font,

font, fi ce n'eft par une neceffité qu'elles ceffent, Or il nimplique pas de
même contradiction, que l'état de
mouvement perfevere & que les mobiles prenent d'autres determinations. Tout ce qui peut fubfifter
fubfifte, c'eft la loy de la Nature,
qui a pour fon fondement la réalité
& des fubftances & des Modes.

On a de la peine à concevoir qu'u-
ne maniére d'etre auffi réelle, un
Etat auffi actif que le mouvement
ceffe d'exifter en un inftant. Car il
faut que ces deux mobiles ceffent de
fe mouvoir au moment précis quils
arrivent, chacun a l'extremité de la
ligne quil vient de parcourir; au moment quil arrivent au point de rencontre pour peu que leur mouvement
durat, il ne fe perdroit pas.

Si des chocs de cette nature font
ceffer & anéantiffent le mouvement,
il s'en doit faire tous les jours une
prodigieufe perte dans l'univers; car
il n'eft pas poffible que dans cette
multitude de parties folides qui s'a-
gitent en tout fens, il n'y en ait un
grand nombre qui viennent a fe rencontrer par des mouvements égaux,

&

& opposés; Car quand même les vitesses des mouvemens, & les masses
ne seroient pas égales, il suffiroit,
dans cette hypothese, que les quantités de mouvemens le fussent pour
arrêter les mobiles tout court.

Il y a plus, quand deux Corps se
rencontreroient avec des quantites
de mouvement inégales, la plus petite periroit entiérement & il s'en
perdroit encor dans la plus grande
une quantité égale a la plus petite.

Outre cela: les chocs les plus o-
bliques sont toujours directs en quelque sens, car si leurs mouvemens
sont paralleles a un égard, à un autre aussi ils sont perpendiculaires, &
tombent aplomb l'un sur l'autre.

Cependant ces petits Corps dont
le mouvement se détruiroit tout à
coup, & se perdroit absolument,
sans que dautres en profitassent. Ces
petits Corps sont les mobiles les plus
vites, & les plus actifs de l'Univers,
c'est dans les mouvemens de ces parties si petites, mais dont le nombre
est prodigieux que se trouvent les
ressources necessaires, pour les mou-
ve-

vemens des plus grosses masses &
pour les effets les plus grands.

Est-il vraisemblable qu'entre les
Loix du choc des corps; Dieu en ait
établi une qui produit sans cesse ses
effets & dont les effets vont a diminuer continuellement la quantité de
mouvement, qu'il à d'abord trouvé
a propos d'établir pour la beauté de
l'univers.

Il se fait dans l'univers une infinité de chocs d'égale force, c'est de la
qu'on tire la grande raison de l'E-
quilibre.

Fig. 14. Le vif argent de *A* est au niveau
de celuy de *B*. si on enfonce en *B*,
un Tuyau qui ait communication,
par le moyen du Robinet *E* avec le
Balon D vuide d'air on n'aura pas
plutost tourné le Robinet que le vif
argent de *B* s'élancera dans le Balon *D*.

Quelque cause qu'on imagine pour
expliquer les phénomênes de la pesanteur, il faut convenir que l'impulfion de l'air sur *A* ne commence pas
à se faire précisément, dés que le Robinet *E* est tourné: L'air tomboit
sur *A* avec un mouvement de secous-
sé,

se, en embas, Mais ce choc étoit sans effet, parceque le Mercure de *A* étoit repoussé contre l'air avec une égale force, par le moyen du choc qui se faisoit sur *B*.

Quelle prodigieuse perte de mouvement, si toutes les colomnes d'une vaste étenduë d'eau; & qui se balancent par des efforts égaux, perdoient chacune leur force.

Toutes les couches de notre Tourbillon ont une force centrirefuge; d'ou vient que chaque inferieure ne fait pas monter sa superieure, par l'impression avec la quelle sa force centrifuge s'élance? On repond que la superieure resiste a l'inferieure & l'heurte reciproquement par une force centripete; on a imaginé divers moyens pour allier ces forces centrifuges, & centripetes, on s'est partagé à cet égard; Mais on convient du fait, on convient de ces efforts, & de leurs Equilibres. Qu'elle prodigieuse perte de mouvemens, si ces efforts d'égale vigueur se font reciproquement évanoüir.

Mais la difficulté cesse, dés qu'on suppose qu'un effort de haut en embas

bas, lors qu'il ne peut faire descendre le corps, sur le quel il tombe, se rabat sur luy même, & devient effort de bas en haut. Les parties liquides ont un mouvement pêle-mêle; celle qui ne peut continuer a descendre, remonte, ou si son mouvement est empêché en ce sens la; elle se jette de la droite à la gauche, ou de la gauche a la droitte, pendant que d'autres parties circulent autour d'elle, dans des sens differens. L'auteur de L'univers a agité de cette maniere les parties des liquides, en les formant, & elles continuent a s'agiter ainsi, & a se faire place reciproquement.

Les Tournoyement des differentes conches s'affoibliroient sans cesse, si les actions égales d'une superieure & d'une inferieure détruisoient sans cesse, dans chacune, une certaine quantité de mouvement.

Un sçavant, a qui je proposois cette difficulté, me répondoit que le Ressort repare ces pertes, parceque dans les corps à ressort, la quantité du mouvement est souvent plus grande aprés le choc que devant. Mais 1°. comme il luy arrive aussi d'être

plus

plus petite, cette reſſource n'eſt pa•
ſure, & elle n'a rien de conſtant. 2o.
La reponſe auroit quelque force, ſi
le reſſort étoit l'Effet d'une *qualité
occulte*, ou celuy de quelque intelligence attentive à reparer par ce
moyen, les pertes de mouvement qui
ſe font dans la Nature. Mais ſi le
rétabliſſement des corps a reſſort, &
la vigueur avec laquelle, ils ſe débandant & pouſſent ce qu'ils trouvent
en leur chemin, eſt duë a l'agitation
d'une matiere inviſible qui traverſe
leurs pores, & qui agit ſur leur ſubſtance, cette matiere doit conſerver
ſon mouvement, pour être en état
d'en donner aux corps viſibles a reſſort, aux-quels elle n'en peut donner
un ſeul degré ſans en perdre autant elle même.

Quand un corps a reſſort en rencontre un autre qui lui reſiſte, &
quil ne peut pas pouſſer en avant,
comme il rencontre ſur la ſurface de
ce corps dont il ne peut pas faire re-
culer le centre, des parties qui luy
cedent, il déploye ſon mouvement
contr'elles, & pendant qu'il luy en
reſte il le conſume a les ployer; A-
yant

yant ainſi perdu ſon mouvement, il demeureroit en repos. ſi ces parties qu'il a ployées, & ſur leſquelles, il n'y a plus rien qui agiſſe, ne ſe débandoient avec effort, pour ſe rétablir en leur premiere ſituation, & ne remettoient en mouvement le mobile qui les aployées en luy rendant, ou autant ou a peu prés autant de mouvement qu'il en a perdu contr'elles, plus ou moïns ſuivant que leur reſſort approche plus ou moins, d'être parfait, & qu'il intervient plus ou moins de cauſes qui en dérangent l'action.

C'eſt ainſi que les corps a reſſort ſe reflechiſſent a la rencontre d'autres corps a reſſort. Mais conclure de là univerſellement, qu'aucun corps ne ſe reflechit & ne peut ſe reflechir, qu'apres avoir perdu tout ſon mouvement direct afin den recevoir un autre qui lui donne une direction oppoſée, n'eſt ce point trop conclure du particulier au general ; des corps à reſſort à ceux qui ne le ſont point, & rendre ſon induction trop univerſelle.

Un peu d'attention ſur le choc de
deux

deux boules à reſſort qui égales en maſſe ſe choquent directement avec des viteſſes égales & contraires, ne fourniroit elle point un ouverture pour reſeredre le cas conteſté & en diſſiper l'embaras.

Aprés que ces deux boules ont conſumé chacune ſon mouvement direct, en ployement de parties; ces parties qu'aucune cauſe ne continue à ployer, & ne force a demeurer ployées ſe rétabliſſent. Celles de la boule *b*, en reprennant leur premiere ſituation, pouſſent à la droite la boule *c*, de toute leur vigueur, en même temps que celles de la boule *c* ſe rétabliſſant de la même maniere, pouſſent a la gauche la boule *b* avec un effort é-gal.

On voit par cet éxemple que deux mobiles peuvent agir en même temps l'un contre l'autre par des impulſions oppoſées, & que chacune de ces im-pulſions produit ſon effet, en même temps que l'autre.

Ces impulſions égales, contraires, & efficaces l'une & l'autre, n'ont pas ſeulement lieu quand les viteſſes des deux boules ſe débandent reciproquement

ment l'une contre l'autre, ils ont lieu de plus dans le temps, que les parties des deux boules se ployent, car la boule *b* ploye vers un terme les parties de la boule *c*, en même tems précisément que la boule *c* ployr les parties de la boule *b*, vers un terme opposé.

Or quand deux corps parfaitement solides, & égaux se rencontrent, & se choquent, avec des vitesses égales, ils se poussent dans le même instant reciproquement l'un l'autre, vers des termes opposés ; pourquoy ces impulsions demeureroient elles sans effet?

Ces deux impulsions reciproques doivent même d'autant plus n'estre pas sans effet, que celle de la gauche n'a pas besoin de produire du mouvement dans le mobile de la droitte, comme non plus il n'est pas necessaire que l'impulsion de la droitte fasse naitre du mouvement dans le mobile de la gauche, il suffit que chacune soit l'occasion ou la cause d'une determination nouvelle.

Les boules *b* & *c* se rencontreront par des mouvement opposés, & avec des vitesses égales, sur la ligne qui joint leurs centres, & elles s'y renconcontreront précifément à la fin d'une minute. Précifément a la fin de cette minute *b* poufſe *c* & *c* poufſe *b*. Dés là ſans aucune interruption ſans aucun intervale, au commencement précis de la minute ſuivante, l'effet de ces impulſions a lieu: Le mouvement de la boule *b*, qui étoit determinée de la gauche à la droite, prend une autre determination & rebrouſſe à la gauche; Comme par la même raiſon, celuy de la boule *c* rebrouſſe a la droite.

Ces nouvelles determinations ſuivent la direction des deux impulſions & les mobiles rebrouſſent en parcourant la ligne qui joint leurs centres, ligne qu'ils avoient déja parcouruë, & ſuivant la direction de laquelle, ils agiſſent l'un contre l'autre, & comme il n'y à aucune cauſe abſolument, qui les determine, tant ſoit peu a ſen écarter, ils ne s'en écarteront pas.

Le *mouvement* étant une maniere déſtre reelle, & la determination une maniere d'être du mouvement, il eſt viſible que le ſujet d'une maniere d'être peut continuer d'éxiſter quand même

même cette maniere d'être cessera.

Si le mouvement est assez actif, & est necessairement & essentiellement assez actif pour produire, dans un corps en repos, un mouvement qui n'y étoit pas, pourquoy ne seroit il pas assez actif pour se procurer une determination nouvelle, quand il ne peut continuer d'agir dans celle qu'il avoit? Un corps en mouvement en déplace un autre, parce que sans cela, il ne pourroit pas se mouvoir; par la même raison un corps en mouvement qui ne peut pas perseverer dans sa determination en fait naitre une nouvelle, c'est la suite de sa nature essentiellement active, cela arrive parceque le mouvement est un état réel, actif, determiné à continuer d'être.

Qu'un corps en mouvement, dont la determination est arrestée par quelque obstacle qu'il ne peut vaincre, en prenne une autre de luy même; & sans y être forcé par quelques mouvement qu'il reçoive de nouveau, & qui se joigne à celuy qu'il a deja, on en voit une infinité de preuves incontestables.

Fig. 15. Que les deux masses solides *A* & *B*, se choquent comme on le voit dans la

la figure certainement elles tourno-
yeront & les parties *g* & *c* prendront
des determina on nouvelles , par la
seule efficacité du mouvement qu'elles avoient déja.

Si on dit que *B* pousse *e* ; & que
A pousse *F* on reconnoit des impressions contraires qui ont toutes deux
leur effet.

L'eau qui circule dans des Tayaux
recourbés en mille manieres, & qui
se reflechit cent & cent fois, se reflechit elle parce qu'aprés avoir per-
son mouvement contre la surface in-
interieure tuyaux, il luy est rendu
par le ressort de ces mêmes tuyanx.
Mais si cela étoit il ne se feroit point
par les frotemens les pertes que le l'experience démontre D'ailleurs de quelque matiere que soient les tuyaux,
pour vû que leur surface soit polie ,
l'Eau prend égalément tous leurs dé-
tours & en sort avec une égale force.
Enfin l'Eau prend toutes les inflexi-
ons des tuyaux dont la surface interieure est garnie de mousse, ou d'un
enduit glaireux, & qui par la certainement n'a point, on n'a que tres
peu de ressort, quelque fois même
K   l'eau

l'eau coule avec plus de facilité dans ces derniers Canaux.

Quand au bas d'une cuve on pose un Tuyau horizontal d'une mediocre longueur, il en sort autant d'eau quil en sortiroit par une ouverture perpendiculaire de la même grandeur & a la même distance de la surface superieure, le mouvement de pesanteur étant empêché par le fond, de s'exercer dehaut en bas & de produire son effet en ce sens, pousse horizontálement & determine suivant cette direction, toute sa vigueur.

Fig. 15.

Ne pourroit on point se servir de ce principe pour expliquer des phenomênes qui semblent tres paradoxes. On pousse par le moyen d'une seringeur de L'air dans un vaisseau, déja plein d'eau (où d'air, dans létat où se trouve l'air exterieur), si dans ce vaisseau une partie *E* se trouve plus foible que les autres elle cede plus qu'elles, & le mouvement de tout le liquide se jette de ce côté là, desorte que se elle n'est pas capable de soûtenir tout l'effort avec lequel l'air est poussé par la seringue & la vigueur de leffet qu'il doit produire, le vais-

seau

feau caffera en *E*, on tient que le même effort de la preffion caufée en *b*
fe multiplie affés pour agir tout entier fur chaque partie egale à *E*. Mais
quand cela ne feroit pas il fuffit peuteftre de dire que dés que celle ci
cede plus que les autres, le mouvement caufé par la feringue en *b*, fe
jette tout entier fur la partie qui cede, & du côté où il trouve le moins
de refifternce.

Une boule fufpenduë à un fil, a-
prês être defcenduë auffi bas que ce
fil, qu'elle ne peut caffer, le luy permet, remonte, fans être ni tirée ni
pouffée en haut. Son mouvement
qui étoit mouuement de defcente fe
change de luy même, en mouvement de montée. Dans fa chûté,
on fa determination en embas, & dans
fa reflexion, où fa determination vers
le haut, c'eft le même mouvement
qui continue.

Et tout corps qui circule change
fans ceffe de determination, fans y ê-
tre obligé par des impulfions nouvelles; fon mouvement qui ne peut pas
continuer en un fens, & vers un certain terme, fe determine vers un au-

K 2

tre

tre, des la vers un troisieme &c. & cela une infinité de fois.

A La verité on le conçoit poussé d'un côté, suivant la direction de la Tangente del'are du Cerele qu'il d'ecrit & d'un autre tiré par le fil suivant la direction du Rayon du Cercle.

Mais n'est ce point là une imagination, & une supposition taute gratuite, au cas *que cela fut, on en verroit naitre l'effet qu'on observe donc cela est* La consequence n'est pas juste, Il faudroit avoir prouvé qu'il est impossible d'expliquer le phénoméne par une autre voye ou avoir démontre l'existence de la cause à la quelle on l'attribue. Un Epicicle explique un phénoméne d'Astronomie, donc cét Epicicle en est la cause, il y a long-temps qu'on se mocque de cette consequence,

Je reconnois que dans les mouvemens Circulaires il arrive le même effet que si deux causes poussoient en même temps le mobile, l'une vers le centre, l'autre le long d'une tangente, & cela dans une certaine proportion, Mais comme cette traction de fil

fil eſt ſuppoſée, & que le fil n'a nulle action, puiſquil n'a nul mouvement de la circonference au centre,
je conclus ſimplement que le mobile
dans l'impuiſſance où il eſt de ſuivre
toute l'impulſion, qui le determine
le long d'une tangente, change lui
même ſa determination, autant que
feroit un ſecond mouvement, qui ſe
joindroit an premier pour produire
un effet commun.

Si on ſe repreſente le cerele com- Fig. 17.
me un polygogone ſitué tel que celuy qu'on voit en *A.* Le côté *b e*, eſt
parcouru par un mouvement qui tient
de l'horizontal, & du perpendiculair
en embas, le côté *c d* eſt enſuitte parcouru par un mouvement compoſé
enpartie de l'Horizontal qui continuë, en partie d'un tout nouveau qui
qui eſt perpendiculaire en enhaut ; de
quelle impulſion ce dernier vient-il,
& n'eſt il pas directement contraire
a l'autre ? ainſi un mobile qui ne peut
continuer a ſe mouvoir ſuivant uue
certaine direction, en prend de luy
même une autre.

Si on aïme mieux ſe repreſenter le
cerele ſitué comme le Poligone *B. e f*

                                   le

se parcourt par un mouvement qui tient en partie de la defecente. Le mouvement *fg* est purement horizontal, celuy de defcente est énavoui en *gh*, & on en voit naitre, un tout nouveau *de montée*. Du milieu même *fg*. Jufqu'en *g* la montée commence, & le mobile au contraire a un peu defcendu depuis *f*, jufqu'au milieu de *fg*.

Examinons encor avec un peu plus de détail ce mélange de direction dont la fubtilité plait & est propre à éblouir.

Apres que le mobile a décrit le côté *bc*, on une tangente parallele à ce côté, il est determiné par la même à continuer de fe mouvoir fur la ligne *ck*. Mais le fil le tire de *c* en *o*, fi la traction *co* étoit égale en force à l'impulfion *ck*. Le mobile en *c*, pouffé d'un côté fuivant la direction *bc*, d'un autre fuivant la direction *mc*, & cela par des forces égales, décriroit le côté *dc* egalement diftant de *mc*, & de *bk*, Mais fi la force *mo* est infiniment petite en comparaifon de la force *bk* le mobile parvenu en *c* ne fe detournera de *ck*

du

du côté de *o* qu'infiniement peu, &
le chemin qu'il prendra ne fera qu'un
angle infiniment obtus, (ou plus
ouvert qu'aucun angle rectilique af-
signable) avec *b c*, & plus petit qu'aucun angle rectiligne avec *c k*, &c.

Mais dirat'on cette traction de *c*
en *o*, enquoy consiste t-elle, qu'elle
en est la cause? la cherchera t-on
dans le repos seul? la trouverat-on
dans la cause, qui empêche le fil de
se casser? Mais cette cause n'a t'elle
qu'une force infiniment petite, elle
qui peut égaler le poids d'un tres
grand nombre de livres? Un fil d'a-
cier retirera-t-il le mobile vers le centre avec plus de vigueur, qu'un fil
de chanvre? Le mobile qui décrit le
cerele *c* se détourne bien plus de la
direction des tangentes que celuy qui
decrit le cerele *B*, ce detour peut croitre diminuer a l'infiny, le fil qui soutient ce mobile le tire t'il avec plus
de vigueur vers le centre, dans un
de ces cas que dans l'autre, ce que le
fil ne casse pas, n'est il pas un effet,
constant de sa dureté qui demeure la
même, dans l'un & l'autre de ces
cas?

K 4

N'est

N'eſt il pas plus ſimple de dire que le mobile determiné a décrire une tangente, & ne le pouvant, ſe determine, par la même qu'il ſe meut, à prendre une autre direction & que la premiere ſubſiſte autant que l'impuiſſance où il eſt de caſſer le fil le luy permet?

Fig. 18.   Quand un mobile *A* ſuſpendu au fil *AB* eſt pouſſé de *A* en *E*, & que le fil *AB* s'applique ſur la ſurface cycloidale *BHC*, ceſt à l'impulſion du mobile *A* qu'eſt du ce roulement *BHC*, enſuitte du quel *A* decrit une courbure cycloidale, Ce neſt pas le fil *BA* qui donne de l'action au corps *A*, c'eſt au contraire le mouvement du corps *A* qui donne aufil *BA*, tout cequ'il a d'action & de mouvement, Le mouvement du fil, dont le mobile *A*, eſt la cauſe, ne peut ſe faire ſans qu'il prenne la courbure *BHC* voila pourquoy il la prend, & de cette courbure celle que décrit *A* eſt un adjoint neceſſaire.

Quand le mobile *A* aprês être parvenu en *E* ou en *K*, ceſſe demonter & commence a deſcendre, il ne le peut ſans developper le fil *CHB*, il
de-

le developpe donc, & de ce developpement naitra la courbure *KEFA*.

Ce n'eſt point le fil *EH*, qui tend à retirer le poids *A* en haut, ſuivant la direction *EH*, pendant que de ſon côté de même poids *A* s'efforce de décrire la tangente de l'are, qu'il vient de commencer, au contraire, c'eſt vniquement le mobile *A* qui tire le fil *HE*, ſuivant la direction *HE*.

D'ou vient qu'il ne le developpe que peu à peu de deſſus la courbure, *CAB*? c'eſt qu'il eſt impoſſible, que le mobile *A* ſe trouve en même temps en *E*, en *F*, & en *A*. de même qu'il eſt encor impoſſible que le dévelopement ne ſoit pas ſucceſſif, mais ſe faſſe dans le même juſtant indiviſible, en *C*, en *H*, & en *B*. D'ou vient cette impoſſibilité? Dé la nature même du mouvement qui eſt neceſſairement ſucceſſive, Cela ſuffit pour en faire comprendre la raiſon, ſans qu'il ſoit nullement neceſſaire de recourir a une *force d'inertie* que cauſe la reſiſtance du fil à ſe developper & luy donne uné réaction, car puiſque ſon développement inſtantanée

eſt

eſt impoſſible, ſi cette impoſſibilité fondoit la *reaction du fil*, cette réacti- on au lieu d'être d'une force, infini- ment petite, comme on le ſupoſe, ſeroit au contraire d'une force *infini- ment grande*, puis que rien n'égale, en force de reſiſtance, *l'impoſſible.*

Il dis donc, 1e. que le corps *A*, parvenu en *K* eſt déterminé à deſcen- dre par l'impulſion que luy donnent les cauſes qui fout deſcendre certains corps, 2°. il ne peut deſcendre ſans que le fil au quel il eſt attaché ne de- ſcende auſſi, 3°. le fil ne peut deſcen- dre ſans ſe développer, 4°. ce déve- loppement ne peut ſe faire que ſuc- ceſſivement 5°. de tout cela il reſulte que le mobile *A* ne peut deſcendre ſans décrire une certaine courbe, 6°. L'impulſion qu'il a receve l'a mis dans un état de mouvement. 7°. Cet é- tat eſt réel, actif de ſe nature, & par la même deterſminé à continuer & à agir, 8°. Ne pouvant conſerver, lors qu'il eſt parvenu en *E*, la même determination préciſement & la mê- me direction, ſuivant la quelle il com- mencoit de ſe mouvoir en *E*. il la change 9°. & pourquoy la change-t- il il plutoſt que de ſarrêter, Parcequ'il eſt de ſa nature réel & actif, determiné à continuer d'être & à agir, 1c°. En quoy conſiſte ce changement? Il eſt auſſi petit que les circonſtances, poſées cy devans le permettent, Un état réel perſevere tel qu'il eſt, autant que cela eſt poſſible, & ne ſe change qu'à proportion qu'il y eſt forcé, & qu'il ne peut conſerver autrement le reſte de ce qu'il eſt.

Les pertes du mouvement ſeroient prodigieuſes dans l'Hypotheſe, que les chocs égaux ſe détruiſent, & ſes ſuittes : Les moyens qu'on imagine pour repares ces pertes par le reſſort, ou par les chocs obliques, ſont obſcurs, incertains & expoſés à de grandes difficultés; comme on le verra encor dans la ſuitte.

Qnoyqu'il en ſoit ceux qui ſont pour l'Hypotheze qui n'a pas cette perte, demandent qu'on faſſe attention a la veritable cauſe pour la qu'elle un mobile perd de ſon mouvement, Si aprês un choc diſent ils, un mobile ne continuë pas à ſe mouvoir, avec la même viteſſe, qu'auparavant, ce n'eſt pas, qu'une partie de son mouvement soit détruitte par une espece d'effort, de resistance, & de réaction, que luy oppose un corps en repos ; Mais c'est parceque la masse étant grossie, elle doit faire moins de chemin, sans quoy le mouvement d'une premiere & d'une seconde masse, jointes ensemble, seroit plus grand que n'étoit le mouvement de la premiere seule, lequel est pourtant l'unique cause du mouvement, qui se trouve dans l'assemblage des deux ; Cela posé, il se croyent en droit de conclurre qu'un corps parfaitement solide doit conserver toute la vitesse de son mouvement, dans tout les cas où il n'en donne point a ceux qu'il rencontre, pour continuer son chemin, après les avoir poussés directement avant luy, ou les avoir écartés dans le sens qu'ils s'opposoient à son passage.

V. Suivant cette hypothese tels seront les effets des chocs directs.

1o. Les boules *b* & *c* égales, aprés s'être rencontrées par des mouvements directement contraires & égaux, rebrousseront chacune vers le terme d'où elle venoit, avec toute leur vitesse précedente.

2.

2°. La même chose arrivera, si, par l'effet d'une proportion reciproque entre les vitesses, & les masses, Deux boules parfaitement solides de differentes grosseurs se rencontrent avec des quantites de mouvement égales, en telle sorte que la ligne qui joint leurs centres ; passe par le point de leur contact.

3°. Si les quantités de mouvement sont inégales, & parconsequent les chocs inégaux en force, la boule *c* qui a le moins de mouvement, & par conséquent de Vigueur, cedera, puisqu'elle rebrousseroit, quand même son effort seroit égal a celuy de la boule *b*.

La boule *c* ne s'arreste pas àpresser la boule *b*, pendant la durée d'aucun temps, pour petit qu'il soit; elle touche à la fin d'une minute la boule *b*, & elle la quitte au commencement de la suivante, sans qu'il y ait en aucun intervale de temps entre cette fin & ce commencement. Le mouvement de la boule *b*, n'a donc point été retardé, elle a rencontré un obstacle, qu'elle a vaincu, & qu'elle n'a eu aucune peine à vain-

cre

cre, par la promptitude avec la quelle, il a été necessité de ceder. Elle continuera donc a s'avancer avec tout son mouvement, comme si elle n'avoit trouvé aucun obstacle, puisque cèt obstacle est parti au moment qu'il devoit agir. Le commencement du second temps où elle rebrousse touchant, sans aucun intervale, la fin du premier où il luy arrive de toucher la boule *b*, c'est au commencement du suivant qu'elle la pousseroit, Mais elle en est plus fortement poussée, & elle cede a cette impulsion.

Si l'une & l'autre étroit à ressort, l'une & l'autre perdroit de son mouvement, & le perdroit en tout on en partie à ployer les particules de son antagoniste, Mais c'est ce qui ne peut arriver dans la supposition présente.

Mais ce 3°. cas se subdivise en deux.

1°. Il se peut donc que la boule, qui aura la moindre quantité de mouvement, & qui par consequent se reflechira d'abord, ne laissera pas d'avoir une plus grande vitesse, comme il arriveroit, si par ex, une bou-

le

le de 2. onces avoir 20. degrés, de
vitesse (ce qui feroit 40. de quantité)
& qu'elle choquat par un mouvement contraire, une boule de 12 onces qui s'avanceroit contr'elle avec
4 degrés de vitesse, ce qui feroit 48.
de quantité.

En ce cas là, la boule *c*, rebrouf-
se avec ces 20. degrés de vitesse, &
elle abandonne la boule *b*, qui continuë avec ses quatre degrez comme
au paravant, ce cas n'exige aucun
calcul.

5°. Mais la boule *c*, qui a le moins
de mouvement, peut aussi avoir le
moins de vitesse, comme par ex, si
étant de 4. onces; elle n'avoit qu'un
degré de vitesse, ce qui feroit 4 degrés de quantité.

En ce cas la boule *c* rebrousseroit
d'abord avec son seul degré de vitef-
se, Mais si la boule *b* la suivoit. Ce
feroit une necessité, que cette boule *b* pousfât en avant la baule *c* & luy
ajoûtat quelque degré de vitesse.

C'est la le cas, déja établi, de deux
mobiles qui vont au même terme,
sur la même ligne, Mais dont l'un
atteint l'autre

La

La *sommi* des mouvements seroit $12 \times 5 + 4 = 64$.

La vitesse commune $\frac{64}{12+4} = 4$.

La quantité de mouvement que conserveroit la boule *b* seroit $12 \times 4 = 48$.

Toute la quantité que la boule *c* avroit après le choc seroit $4 \times 4 \quad 16$.

La somme seroit de 64. comme au paravant. La boule *c* en auroit donc receu 12 $60 - 48$. C'est ce qu'aperdu la boule *b*,

Si les boules éroients égales & que *b* ent 12 degrés de vitesse, & *c*, 4. Alors la vitesse commune seroit. $\frac{16}{2} = 8$. *b* & *c* égales auroient chacune 8 degrés de mouvement. *b* en auroit perdu, 4 & *c* receu autant. $\frac{12 \times 1 - 4 \times 1}{2} = \frac{8}{2} = 4$.

Quand on dit qu'un Corps d'une once, rencontrant avec 3 degrês de vitesse un autre Corps de 4 onces, qui se meut avec une vitesse de deux degrés, sur la même ligne en sens contraire, il resulte de ces deux chocs, que le premier se reflechit a-

vec

vec ſes 3 degres, & que le Second continué davancer, avec les deux qu'il avoit, ce qu'on à accoütumé de voir fait trouver cette propoſition tres hardie. Quand deux mouvements ſont ainſi oppoſés, ou n'a pas accoutumé de voir que le plus fort l'emporte ſur le plus foible, ſans quelque perte du ſien. Mais on trouve la cauſe de cette perte dans le ployement & l'ebranſlement des parties qui retarde le mouvement progreſſif & total des maſſes.

Ici rien n'arrive, & ne peut arriver de ſemblable. Si au moment que le corps b parvient à l'extremité de la ligne, qu'il doit parcourir, afin de toucher le corps c, il étoit anéanti, c'eſt ſans contredit quil ne feroit aucun obſtacle au mobile c & que celuy ci continueroit ſa route, comme ſi le corps b ne s'étoit jamais approché de lui. Concevés qu'au moment que le corps b arrive à l'extremité de cette même ligne, quelque cauſe, une Intelligence, ſi vous voule, le retire en arriére & l'oblige à refaire le chemin quil vient de parcourir, en ce cas la encor il eſt viſible,

ble, (diront les defenseurs de l'hypothese, que j'expose présentement,)
que le corps *b* n'arresteroit nullement
le corps *c*. La fin d'une premiere minute n'est pas le commencement d'u-
ne seconde. A la fin d'une premiere
c, touche *b*, au commencement d'u-
ne seconde *b* le précede, or si *b* précede *c* d'un mouvement d'egale vitesse, & à plus forte raison, s'il le
précede d'un mouvement plus vite,
il ne l'arrestera point & ne le retardera point.

La nature du mouvement qui ne
s'arreste point, & qui pour ne point
s'arrester, & ne point cesser d'etre
en s'arrestant, est determiné & necessité par sa nature à changer une
direction qu'il ne peut conserver, &
a en prendre une autre; la nature
du mouvement dis-je est cause que le
corps *b*, qui à la fin d'une premiere
minute a touché le corps *c*, le quitte
au commencement d'une suivante,
d'où il suit que le mouvement du
corps *c* n'est point interrompu, mais
qu'il a son cours toujours libre. Il
est parvenu sans rien perdre de son
mouvement a l'extremité de la ligne,

ne, qu'il a acheué de parcourir, au moment qu'une premiere minute finit, & a feconde ne commence pas plutoft, qu'il eft en état de continuer fon mouvement fans oppofition, parceque l'obftacle, qui auroit pu le retarder eft party fans qu'il ait eu befoin, de luy rien donner. Le Mouvement dincidence de ce lui cy s'etant dabord tourné a la rencontre de *c*, en mouvement de reflexion.

Un mobile ne perd de fa viteffe, que quand il en donne à un autre, il n'en perd que dans les cas où le rencontré en doit recevoir, afin de s'avancer d'un pas égal, avec le rencontrant: Mais lors que la reflexion & le rebrouffement del'un fuffit pour qu'il faffe place a lautre, celui ci ne doit rienperdre.

Telles font les raifons par les quelles, ou peut appuyer l'hypothefe, fuivant la quelle ou vient de régler lec chocs directement oppofés.

VI. Suviaut lautre lors que les corps *b* & *c* out des quantités de mouvement égales, elles s'evanoviffent reciproquement toutes entieres par leur mutuelle oppofition. Loix fuivant la premiere.

Si

Si les quansités de mouvement sont
j'négales, la plus petite se perdra
tout afait; Il s'on perdra autant de-
laplus grande, ce qui en restera ser-
uira à porter en avant la masse composée des deux mobiles, dont l'un
a perdu tout son mouvement, & l'autre une partie, & ce reste se partagera àproportion des masses.

Un des mobiles a b & l'autre $b \dagger c$.
b se d'etruit dans l'un & dans l'autre
pour partager c, j'appelle une des
masses d. & lautre f. la vitesse du
mouvement qui reste dans f, c'est
$\frac{c}{f}$ & ce $\frac{c}{f}$ je l'exprime par $f \dagger d$:
car je puis diviser le chemin que f
feroit seul avec ce qui reste de mouvement en telle sorte que le nombre
de ses divisions s'exprimera par $f \dagger d$
iaquantité s'exprimera alors par
$ff \dagger fd$, & laviteste commune aprês
le choc sera $\frac{ff \dagger fd}{f \dagger d} = f$ la quantité
de mouvement qui restera à f sera
ff, & celui de d sera df, Tout comme si f avéc la quantité $ff \dagger fd$. a-
voit rencontré d en repos. $d = 2$.
$f = 4$. La vitesse de $d = 4$. la vitesse

teſſe de $f = 8.$ donc la quantité de mouvement de $d = b = 8.$ & la quantité de mouvement de $f = b + c = 8 + 24.$ c eſt donc $= 24.$ & la viteſſe reſtante à f eſt $\frac{c}{f} = \frac{24}{4} = 6 = d + f$

Si la viteſſe de f avoit été $= 9$, ſa quantité de mouvement auroit été $= 36$, d'ou otant $8 = b$, il ſeroit reſte $28 = c.$ $\frac{28}{4} = \frac{c}{f}$ auroit été la viteſſe reſtante, égale a 7 que j'aurois pourtant exprimé par 6. pour avoir $ff = 16.$ pour la quantité reſtante a f & $fd = 8.$ pour la quantité de d ce qui auroit donne 24 au lieu de 28. Mais en faiſant 24, 28 :: 6, 7 :: $\left\{\begin{array}{ll}16. & 18\frac{2}{7} \\ 8. & 9.\end{array}\right.$ j'auray les quantités, de mouvement exprimées ſuivant les premieres meſures.

VII. Un cube A eſt en repos, & ſuſpendu. Un cube B égal a A, & parfaitement ſolide, comme luy le frappe ſuivant la direction de la ligne cd, qui joint leurs centres, Si le cube n'etoit pas ſuſpendu, A & B, feroient dans un temps determiné chacun ſur la ligne cd prolongée, la moi-

moitié du chemin que *B* avoit fait
dans le même temps avant que de rencontrer *A.*

Fig.19.   *A.* Tournoye avec une quantité
de mouvement égale à celle qui refte en *B.*

La partie *c,* de cecube fait plus de
chemin que la partie *f,* puifque celle la eft plus eloignée du centre que
celle ci.

Puis donc qu'en tout *A* n'a pas plus
de vitefle que *B,* il faut que la partie *C,* fe meuve plus vite, que le
centre de *B* & que le refte des partie de ce cube *B,* (qui decrivent
toutes des lignes paralleles, a celle
que décrit le centre) ayent moins de
vitefle dans la même raifon que *f* fe
meut plus lentement.

Le cube *B* eft donc plus retardé
en *b* qu'en *g,* & au cas que fa pefanteur ne le fafle pas tomber, la partie
g avancera plus que la partie *b,* & il
fe determinera par luy même a tournoyer. C'eft ce qui arrivera fi on fuppofe les cubes tres polis, fur une table horizontale, & tres polie, à la
furface de la quelle le fil *k o,* foit parallele.

VIII.

VIII. Quand un reſſort *AB*, aprês avoir été ployé dans deux ſens contraires, (& preſſé de la circonference vers le centre, dans deux points directement oppoſés, dans la direction du diamettre *c d*) ſe débande auſſi de deux côtez, il eſt d'abord determiné à partager l'effort de ſa dilatation pour en deployer la moitie d'un côté, & la moitie de l'autre.

Mais s'il ſe rencontre d'un de ces côtés, un obſtacle inébranlable, toute ſa force ſe jette du côté oppoſé, cela prouve que rien ne ſe detruit de tout cequi peut ſubſiſter, ſi ce n'eſt par dans un ſens, c'eſt au moins dans un autre.

Quand un reſſort qui ſe débande de deux côtéz, heurte deux poids differents, La viteſſe, qu'en recoit le plus gros *E*, eſt a la viteſſe, qu'en recoit le plus petit *F*, en raiſon de *F* à *E*. Les viteſſes ſont en raiſon inverſe des maſſes. On allegue cette experience, comme une preuve *de la force de l'inertie*. Le reſſort *AB*, rencontrant un obſtacle invincible en *c*, ſe débande de toute ſa force du côté de *d*. Mais ſi l'obſtacle

cede

Examens des preuves qu'on tire d'un reſſort qui ſe debande.
Fig. 20.

cede, & n'a qu'une refiftance finie,
le reffort ne fe déployera du côté de
d, qu'auec une partie de fa force;
& comme la force de l'inertie *F* eft
plus grande que celle de *E*, il fe débande auffi du côté de *E*, plus que
du côté de *F*, à proportion que l'i-
nertie de l'obftacle *F* eft plus opinia-
tre, que l'inertie de l'obftacle *E*, &
fait une plus grande oppofition a fon
reffort.

Cette preuve ne me paroit pas con-
cluante, çar en fuppofant les deux
dilatations, celle de *c* & celle de *d* é-
gales, le mobile *F* heurté par *d*, &
le mobile *E* heurté par *C*, receuront
l'un & l'autre une égale quantité de
mouvement, Mais par la même les
viteffes, de ces deux mobiles, feront
en raifon inverfe de leurs maffes.

<table>
<tr><td>

Exa-
men
d'une
preuve
de la
reacti-
on du
repos.

</td><td>

IX. On allegue auffi en preuve de
la force de l'inertie, & de la *réaction*
du repos, l'experience fuivante.

Un batteau eft en partie plongé,
dans une Eau tranquille; on y atta-
che une corde, & on le tire vers le
bord. Cette corde eft tenduë prés
du bord, par la puiffance qui tire,
Mais elle n'eft pas moins tenduë, vers

</td></tr>
</table>

le

le batteau ; cette seconde *tension*, est l'effet de la réaction, & de la resistance du repos.

Le bras qui tire fait un effort suivi d'un mouvement d'autant plus leut, que la masse du batteau, & celle de l'Eau, qu'il faut mettre en mouvement, sout plus grosses : Cét effort agit dabord sur la corde, & en tend immediatement le premier pouce, ce premier pouce, sur lequel tombe le premier effort immediat de la puissance étend le second avec la même force, qu'il a été tendu luy même & dirigé suivant la determination, qu'on tend a donner au batteau ; La tension passe ainsi, de partie en partie, jusques à la derniere qui touche le batteau. Le mouvement de la puissance est la seule cause réelle de cette tension, le repos du batteau n'en est qu'une occasion, parcequil rallentit la vitesse qu'auroit la puissance, puis que la vitesse s'exprime par la quantité du mouvement, ou la force de l'impression, divisée par la masse qui se meut. Objection.

X. Mais si un mobile ne perd de son mouvement, qu'antant qu'il en donne à d'autres ; Que devieut donc

L le

le mouvement des Corps laucés de bas en haut ? Quelle eſt leur action ſur ceux qui les repouſſent en embas, & qui les oblige enfin à deſcendre ?

XI. C'eſt la une queſtion fort compoſée & qui demande un grand détail ſur les cauſes de la peſanteur, & ſur la maniere dout elles agiſſent. Ce détail pourroit fournir la matiere d'un long diſcours , ce n'en eſt pas le lieu Mais Jeſpere que trois remarques pourront ſuffire pour empêcher qu'on ne ſe rende à cette objection & qu'on n'en ſoit même ébranlé.

1°. Si pour ſe croire en droit de penſer qu'on a ſuffiſamment établi une hypotheſe , il falloit repondre en détail, à toutes les objections prochaines & éloignées , qu'il ſeroit poſſible d'y faire, les plus petites queſtions demanderoient de tres gros volumes , & encor riſqueroit on toujours d'onblier quelque choſe.

2°. Si on eſſaye de concevoir que quand un mobile eſt lancé de bas en haut , & venant a rencontrer des Corps que le pouſſent en embas, il ſe fait un tel conflict de mouvemens oppoſés , que le plus foible s'eſteint,
&

& le plus fort conserve la quantité
dont il surpaſſoit le plus foible; Si
l'on eſſaye encor de concevoir, qu'au
moment ſuivant, il ſe fait un nouveau conflict, de même nature que le
premier, juſqu'a ce qu'enfin ce qui
reſtera de mouvement au Corps qui
montoit, ſe trouvant plus foible que
l'effort qu'une matiere ſuperieure
fait contre luy, pour l'obliger a deſcendre, ce foible reſte, s'aneautiſſe, ſi
disje, on raiſonne ſur cette propoſition, on s'apperceura bientoſt, que
les concluſions qu'il en faudroit tirer,
ſeront toutes contraires a celles,
dont l'experience nous inſtruit ſur la
manieredont ſe diminue le mouvement
des Corps peſants, lors qu'ils montent.

3°. Ce que ces corps là perdent
deleur mouvement, ſe change donc
en tremouſſement de parties, ſoit
des parties qu'ils renferment dans
leurs pores, ſoit des parties du liquide qui les environne, ſoit enfin des
parties qui leur ſont propres, & qui
compoſent leur ſubſtance, & voila,
pourquoi les corps lancés vigoureu-
ſement s'echauffent & quelques fois
même s'enflamment lors qu'ils ſont
combuſtibles. L 2 Et

Et c'est ainsi engeneral, que quand un corps terrestre, poussé horizontalement, est à la fin parvenu a terre par l'action des Causes de la pesanteur, ce corps ne pouvant ni se reflechir en enhaut, veu l'opposition continuéé des causes qui l'ont fait descendre, ni fendre la terre, briser ses parties, & vaincre les efforts des causes qui les tiennent liéés, ce qui lui reste de mouvement, entre ces efforts opposés, qu'il nepeut vaincre, se determine en tremouffement, & en ce sens, il est permis de dire qu'un corps terrestre qui a été une fois en mouvement ne parvient jamais à un parfait & absolu repos; voila, pourquoi il n'y a presque point de corps qui ne s'uze.

Pour ce qui est des petits corpuscules parfaitement solides, ils trouvent toujours dans le liquide dont il font parties, des corpuscules qui par leurs tournoyemens, leur petitesse, leur polissure, leurs mouvemens qui se font en mille sens, ils trouvent toujours, parmy detelles agitations, des moyens, ou d'avancer ou de reflechir ou de tournoyer, ou de changer

ger

ger des determinations directes en determinations obliques &c.

XII. ON prend quelque fois de
simples apparences de réaction & de
resistance, paur des resistances réelles, un mobile *A* aprês avoir fait 6
mesures de chemin dans une minute,
rencontre *B* qui lui est égal en repos,
il l'entraine avec lui & chacun fait 3
mesures dans une minute, si le corps
B avoit eu deux degrés de vitesse il
n'en autoit reçeu que 2 du corps *A*.
Mais ce que le corps *A* auroit fait u-
ne moindre impression, n'est point
une preuve, d'une plus grande resistance en *B*, au contraire loin de resister, il élude l'action de *A*, & par
la il en reçoit moins, & effectivement
ment il n'est pas necessaire qu'il lui
en donne autant pour s'avancer ensemble.

XIII. Mais cela étants ainsi, d'ou
vient qu'un corps qui decent par le
seul effet de la pesanteur, reçoit,
dans tous les temps egaux, des accroissemens egaux?

XIV. A ce la je reponds, quand
il fait dans un temps trois mesures,
il élude trois fois plus l'action qui

fait

L 3

fait defcendre les corps pefants, que
quand il n'en fait qu'une; Mais comme il dêcrit un efpace trois fois plus
long, il y rencontre 3 fois plus de
de ces caufes, qui font defcendre les
corps, & il en reçoit trois fois plus
de fecouffes, il eft expofé au triple
d'impreffions, en fuppofant que le
nombre des impreffions croît comme
les efpaces. Le nombre des fecouffes
recompenfe donc l'effet de la viteffe
qui les élude.

XV. Il ne faut pas moins d'effort,
pour faire avancer un bateau, dans
une eau tranquile de 3 mefures, par
ex, dans un temps determiné, que
pour retenir ce même bateau & empêcher qu'il ne foit entrainé, par u-
ne Eau courante qui fait auffi 3 Mefures égales de chemin, dans le même temps.

Objec-
tion &
reponfe
    Si la neceffité du premier effort a-
voit pour fa caufe la réaction du repos, il faudroit reconnoitre dans l'I-
nertie autant de force, que dans le
mouvement, ce qu'on n'oferoit dire,
& qu'i feroit facile à refuter.

D'ou vient donc cette égalité d'effets? l'Eau coule par un effet de fa
pe.

pefanteur, & par là fon effort contre l'obftacle qu'on lui oppofe, eft é-
quivalent à la preffion d'un poids determiné, On verifie cela par l'experience qui s'accorde dans une parfai-
exactitude avec le plus précis raifonnement, & la Theorie de la chûte
des Corps pefans.

l'Experience fait voir qu'on ne fcauroit faire avancer un batteau, fans
foûlever au moins tant foit peu, l'eau
qu'il deplace, & plus vite, on le
fait avancer, plus cette. Eau fe foû
leve, tout comme il arrive a une Eau
courante qui rencontrant un obftacle
s'élêve audeffus de la furface du refte.

Qu'on partage en diverfes couches
l'Eau tranquille, qu'un bateau doit
déplacer, fi la premier couche s'éleve d'un pouce, la feconde ne s'ele-
vera pas moins, ni la 3°. non plus.

D'ans l'un des cas, il faut foûte-
nir le poids de l'Eau, fi l'on veut
empêcher que le bateau ne foit entrainé, Dans l'autre il faut vaincre ce
même poids, & le foulever avec plus
ou moins de viteffe, fuivant ce qu'on
en veut donner au bateau.

Or dés quil s'agit de foutenir, ou

de vaincre l'effort de la pesanteur &
d'en empêcher l'effet, on a à surmon-
ter un obstacle different de la simple
Inertie.

Qu'on fasse consister la nature de
la pesanteur en ce qu'on voudra ; son
efficace, est une efficace de mouvement & non *de simple paresse à se mouvoir.* D'és que le corps pesant est libre, il se met en mouvement vers
un certain terme, & c'est par là qu'il
resiste à ce porter vers un terme opposé.

P A R T I E. V.

Des chocs obliques qui ne sont pas Contraires.

Expo-
sition
d'un
choc o-
blique.

Fig.20.

LA Ligne *a b* joint les contres des
boules *C & D*, sur cette ligne je
tire la perpendiculaire *e f*, tangente
des deux cercles. Si la boule *C.* se
mouvoit suivant la direction *g b*, pa-
rellele a cette tangente, elle glisseroit
sur la boule *D*, sans la pousser, &
sans y faire d'impression, au cas que
son

son mouvemant fût bien droit, & quelles fuffent l'une & l'autre tres polies.

Si elle fe mouvoit fuivant la direction *ab*, elle choqueroit perpendiculairement la boule, *D*. Je fuppofe qu'elle fe meut fuivant la direction *KI*; ceft a dire que chaque partie de cette boule, decrit une ligne parallele à *KI*, & comme il y en a autant audeffons de *KI* qu'au deffus, cette ligne eft appellée l'axe de fon mouvement.

La boule *C*, en decrivant *KI*, & fes paralleles fe porte de *a* vers *L* & de *a* vers *m*, fon mouvement tient, de ces deux directions, Mais elle avance plus du côté de *L* que du côté de *m*, dans la proportion de *aL*, à *am*, & par là il eft vifible que fon effort du côté de *L*, eft plus grand, que fon effort du côté de *m*.

Si donc on conçoit fon effort total *si* compofé de deux parties qui foient entr'elles comme *aL* eft à *am* & qu'on fafle *aL* = *P* & *am* = *q* la maffe *C* multipliée par les viteffe p † q, donnera *cp†cq*, pour la quantité du mouvement de la boule *C*, & il eft incon-

te-

testable qu'il peut s'exprimer ainsi.

Entant qu'elle se porte vers m, elle ne heurte point la boule D, & ne fait sur elle aucune impression, elle ne la frappe donc que suivant la vitesse aL, & par la quantité cp.

1°. Cas.   II. $\frac{CP}{C+D}$ sera donc la vitesse commune après le choc commune di je aux deux boules suivant la direction aLb, & $\frac{ccp}{c+D}$ la quantité de mouvement qui restera a la boule c de ce côté là, & $\frac{Dcp}{c+D}$ la quantité de mouvement que la boule D en recevra.

C'est tout comme si la boule C avec le mouvement CP seul avoit choque la boule D, en repos.

2°. Cas.   III. Si la boule D s'etoit deja avancée suivant la direction alb; Mais d'un mouvement plus lent que celuy de la boule C, en ce sens la, après avoir appelle sa vitesse r. On auroit les quantités de mouvement $Cp+Dr$ qui divisées par $C+D$, masse commune auroient donne $\frac{Cp+Dr}{C+D}$ pour vitesse commune après le choc, & cette vi-

vitesse multipliée successivement par C, puis par D auroit donné la quantité de mouvement de chaque masse après le choc.

La boule C au lieu de continuer, sur al un mouvement composé des vitesse aL & am, auroit parcouru une ligne as diagonale d'un rectangle qui auroit eu pour un de ses côtés am, & pou. l'autre une ligne moindre que aL, dans la proportion que $\frac{Cp+Dr}{C+D}$ est plus petit que p. Fig. 19.

IV. Si le mouvement de la boule D s'étoit fait suivant la direction composée, des deux bu, bx & que la vitesse suivant bv, eut été moindre que la vitesse suivant aL après avoir appellé cette vitesse y, & avoir fait $\frac{Cp+Dy}{C+D}$ pour la vitesse commune après le choc. On auroit eu le mouvement de la boule D, dans une direction bz composée de bx & de by plus long que bv, dans la proportion que la vitesse $\frac{Cp+Dy}{C+D}$ est plus grande que y. 3o. Cas. Fig. 20.

PAR-

PARTIE VI.

Des chocs obliques & contraires.

1º. Cas. UNe boule *A* se meut suivant la
direction *c d*, & se porte de *c* du
côté de *e* & de *f* en même temps,
2º. Fig. l'effort, avec lequel elle se porte
3º. de *c* du côté de *f*, est égal a celuy avec
lequel la boule *B* se parte de *g* contre *c* suivant la direction de la ligne
g c qui joint les points de contact des
boules qu'on suppose Egales dans ce
premier cas.

Si les mouvemens opposés se detrui-
sent, il ne restera a la boule *A* que la
force avec laquelle elle avancoit du
côté de *e*, & elle se mouvra sur *c e*,
ou sur une parallele à *c e*, après le choc,
lequel terminera tout a fait le mouvement de la boule *B*.

Mais dans l'autre hipothese *B* re-
broussera de *b*, vers *g*, avec la même vitesse qu'elle etoit venue du *g*
vers *b*.

L'effort de la boule *A* de *C* vers *F*,
se changera par reflection en un effort

fort égal de *c* vers *I.* ensorte que son mouvement composé de la direction *ce* qui persevere & de la nouvelle *si* =*cf* se fera sur l'oblique *ck* ecartée de *ce* autant, que l'etoit *cd*, l'angle de reflexion sera égal a l'angle d'incidence.

II. Si les boules *A* & *B.* étoient inegales, & que les vitesses suivant la direction desquelles elles se choquent fussent reciproques a leurs masses; dans chaque hypothese on tireroit les mêmes conclusions que l'on vient detirer, chacune la siene. 2°. Cas.

III. Si le mouvement de *B* suivant *gc* s'exprimoit par *m*†*n*, pendant que celuy de *A* s'exprimeroit, par *m* seule; dans l'une des hipotheses *B* continueroit d'avancer avec ½*n*, & *A* rebrousseroit avec un mouvement composé de ½*n*, suivant la direction *gc*, & du mouvement quelle avoit suivant *ce*. 3°. Cas.

Dans l'autre *B.* continueroit d'avancer avec le mouvement *m*†½*n*, & *A* rebrousseroit avec un mouvement composé de *m*†½*n*, suivant la direction *gc*, & de celuy quelle avoit suivant *ce*, de sorteque l'oblique qu'elle decrivoit

voit,

roit, feroit plus eloigné de *ce*, que ne l'etoit *cd*.

Si par exemple la vitesse de *B* vers *c* est double de celle de *A* vers *g*, la direction de *C* en *L*, sera $=\frac{1}{3}$ de *cf*.

40. Cas. Si les boules font inégales & les vitesses contraires égales, les quantités de mouvement contraires feront proportionnelles aux Masses *A* & *B*, soit *B* la plus grosse $= A + C$.

Dans l'une des hypotheses, la quantité de mouvement commune aux deux boules aprés le choc sera *C* suivant la direction *gc* ; & la vitesse commune $\frac{C}{A+B}$ de mouvement de *A* se trouvera composé de la continuation de celuy quil avoit suivant la direction *C E*, & d'un nouveau de *c* vers *I* plus grand que *cf*, ou moindre suivant l'excez de la boule *B*, par dessas la boule *A*, excés d'où depend la quantité que *A* recoit aprés le choc.

Si la boule *A* avoit été la plus grosse, dans cette même hypothese *B* se seroit reflechie, *A* auroit continué de *c* vers *g*, conjointement avec *B*. par un mouvement dont la quantité commune auroit été *C* excés de *A* sur *B* ; la boule *A* avoit auparavant *B*†*C.* après le choc il ne luy reste qu'une partie de *C*; sa direction de *e* en *g* est donc diminuée , & son mouvement se trouvera composé de celuy qu'elle continuera d'avoir sur *ce* ou sur sa parallelle , & de celuy qui luy restera , sur une ligne moindre que *ef*, desorte que l'oblique qu'elle decrira s'eloignera moins de *ce* que ne faisoit *cd*.

Mais si les mouvemens contraires ne se détruisent pas; dans ce dernier cas la boule *B* rebrousse avec la vitesse qu'elle avoit , & la boule *A* la suit avec une vitesse égale il ne survient donc aucune alteration dans son mouvement.

Dans le cas precedent *A* rebrousse de *c* vers *I*, avec toute la vitesse qu'elle avoit de *c* vers *f*, *B* suit avec une vitesse egale. *A* se reflechit avec toute sa quantité & l'oblique qu'elle decrit fait avec *ce* une angle égal a l'angle *ecd*.

V. Si les masses & les vitesses sont Cinqᵉ. inegales, en telle sorte que les quan- Cas, tites de mouvement le soyent. Dans l'une des hypotheses la quantité la plus petite du mouvement sur *ge*, ou

eg

cg, (car les mouvemens ne font contraires que dans celle direction) fe perd
il s'en perd autant de la plus grande, &
ce qui refte pour cette direction fe partage a proportion des maffes, & de
la il arrive que l'oblique *cd*, s'approche de *ce*, fi le mouvement de *c*
en *g* eft diminue, on fe change en u-
ne oblique, en de la de *ce*, fi *A* rebrouffe par ce que fon mouvement de
c en *g* fera detruit & quelle en aura
receu un de *g* en *c*.

Mais fi les mouvements contraires
ne fe detruifent pas, il faut établir
d'autres regles.

Si *A*, a la moindre quantité elle
fe reflechira avec fa quantité, & fi fa
viteffe eft la plus grande, *A* fuivra la
direction *cg*, fans atteindre *B*, & fans
luy communiquer aucun mouve-
ment.

Mais fi la viteffe de *B*, eft moindre que celle de *A*. *A* communique-
ra à *B* de fa force fuivant *cg*. Il avancera donc moins en ce fens, qu'il ne
faifoit, & l'oblique *cd* s'approchera
de *ce*.

Si la boule *B* eft tout enfemble
celle qui a le plus de viteffe, non
feu-

seulement *A* reflechira de *c* vers *l* avec toute la vitesse avec la qu'elle il se portoit de *e* vers *gi*, mais de plus il recevra un acroissement de forces de ce côté là, de sorte que *cl* sera plus longue que *cf*, & la nouvelle oblique s'ecartera plus de *ce*, en montant que ne faisoit *cd* en descendant.

VI. On peut se donner le plaisir de remarquer une infinité de preuves de ces chocs obliques dans les petits corpuscules qu'on void nager dans l'air d'une chambre obscure, eclairée d'une colonne de rayons. Car soit que leurs differentes determinations viennent immediatement de leurs chocs mutuels, soit que ces petits corps suivent les courans de l'air, où ils nagent, & qu'ils soient diversement entrainés par les particules de ce liquide qui les soutient, toûjours la varieté inombrable de leurs determinations est-elle deüe, ou immediatement a leurs chocs, ou de plus aux chocs des parties de l'air, on enfin à ceux d'une matiere plus subtile encor, & dont les particules sont non seulement plus petites, Mais outre ce

Ces speculations ne sont pas inutiles.

cela plus solides que celles de l'air. Ces parties se heurtent en mille manieres, d'où il resulte une varieté inexprimable de changemens dans les vitesses & dans les determinations.

Il se trouve donc qu'on établit dans cette question les loix des chocs les plus frequens qui se fassent dans l'univers.

Des chocs doublement obliques. Fig. 21. VII. Lorsque deux boules *A* & *B*. se choquent au point *c* aprés avoir parcouru une la ligne *dc*, l'autre la ligne *me*, 1°. Je tire la ligne *fg*, qui joint leurs centres, & leur point de contact, 2°. Je vois que le mouvement de *A* est composé d'un effort suivant *fh*, & d'un autre suivant *fi*, 3°. le mouvements de *B* est de même composé de deux efforts proportionnels a *gk*, & *gl* 4°. il n'y a que les efforts proportionnels l'un a *fh*, l'autre a *gk*, qui soient contraires. Ce sont la les quantités qu'il faut comparer, pour decider sur la reflexion & sur le progrés de ces boules conformément aux regles qu'on vient d'établir.

PARTIE VIII.

Des chocs des Corps qui ne font pas Spheriques.

QUoyque les differentes figures des corps femblent d'abord devoir varier à l'infini leurs chocs, & fur tout leurs chocs obliques, on peut cependant les reduire à un petit nombre de claffes.

I. *J'appellerai, ligne de direction* du mouvement celle que décrit *le centre de pefanteur* d'un corps, en telle forte que fi on tire une ligne perpendiculaire a celle la, le plan qui fera commun a ces deux lignes, partagera la mobile en deux parties, dont l'une aura la même quantité de mouvement que l'autre.

Deffinition.

II. Si une boule quelconque *B.* en choque une autre en telle forte que la ligne de direction de fon mouvement prolongée, traverfe le point de contact, & dés là le centre de la boule *C,* les deux diamettres de ces

Ir. confequence.

Fig. 22. & 23.

beu.

boules se trouvant sur la même ligne droite, elles se choqueront directement.

Seconde. III. Mais, si le point de rencontre n'est pas dans la ligne de direction, le choc sera oblique.

La direction *b a* de la boule *B* ne se confond pas avec la direction *c d*, de la boule *C*, donc le choc de *C* est oblique sur *B*. quoique le choc de *B* soit direct sur *A* parceque la direction *b a*, de la boule *B* prolongée traversera le centre de *C*.

Des corps courbes & non Spheriques, IV. Quelque figure quon donne a des corps determines par des surfaces courbes, 1°. ces corps ont un centre de graviré 2°. on y peut concevoir un plan dans lequel se trouve la ligne de direction de leur mouvement, Et ce plan partagera ces corps en deux parties, dont chacune aura une égale quantité de mouvement, 3°. Ils ne se rencontreront les uns les autres, & ils ne rencontreront non plus des surfaces planes qu'en un seul point, 4°. Or ce point de rencontre sera l'extremité même de leur ligne de direction, on quelqu'autre point.

Ainsi

Ainſi l'obliquité & la direction de leurs chocs ſuivra les mêmes regles que celles que je viens d'indiquer par rapport aux corps ſpheriques.

On pourroit encore alleguer une autre raiſon par laquelle il paroit aſſez ſupperflu d'entrer dans le détail des chocs des corps terminés par des ſurfaces courbes & non Spheriques ſur tout en ſuppoſant ces corps parfaitement ſolides. Je la propoſerai, comme par parenteze ; On y fera l'attention qu'on voudra.

Afin que les petits corpuſcules ſolides ou poreux, qui ſont répandus autour de nous, qui nagent dans un liquide, & qui ſont eux mêmes des parties de ce liquide, puiſſent conſtamment conſerver leur figures, malgré cette varieté de mouvemens & de chocs, auxquels ils ſont ſans ceſſe expoſes, conſervation ſans la quelle les parties elementaires ſe ſeroient il y a long temps changées, d'où il ſeroit encore arrivé que les mixtes ne ſeroient plus tels qu'autrefois, & changeroient toûjours plus ; Pour conſerver, di je, aux parties elementaires & a plus forte raiſon aux petites mole-

cu-

cules, leurs figures, il me paroit tout
a fait neceſſaire, qu'il y ait ordinairement entr'elles, des parties tres mobiles, & tres polies, ſur lesquelles
les autres gliſſent aiſément, & par là
ne ſoient pas continuellement expo-
ſées a ſe caſſer, & a ſe briſer entout
ou en partie. Des particules rondes
ſons evidemment les plus propres
pour cet effet, par la facilité qu'elles
ont a tourner egalemeut en tous ſens.
Ce n'eſt donc pas ſans fondement,
qu'on en ſuppoſe en tres grand nombre, & par la raiſon que je viens
d'alleguer le ſecond Element de Descartes ne parroit preſque une necef-
ſité, Mais je ne vois aucune raiſon
qui oblige de ſuppoſer l'univers par
ſemé d'une infinité de petits corps
d'une courbure differente de la Sphe-
rique, Et voila pourquoy, il me paroit tres ſuperflu d'en imaginer de toutes ſortes de courbures, pour les ſuivre dans leurs mouvemens, & les effets de leurs chocs.

Des corps termi- nes par de ſur- face plattes, V. Dans les corps terminés par des
ſur faces plattes, il faut concevoir de
même, *centre de gravité, ligne de direction &c.*

Quand

Quand de tels corps se rencontrent, par l'extremité de leus angles, leurs chocs, ressemblent encor a ceux des corps spheriques & se fout suivant les mêmes regles, ces chocs sont directs, & à plomb, si les deux directions se trouvent, dans la même ligne.

Si les deux points de contact sont chacun a l'extremité de la direction, & si ces directions, font angle, le choc est oblique & ses effets suivent les mêmes regles que ceux des chocs des boules.

Si un corps vient à en rencontrer un autre, & le frappe par un de ses angles, & que la ligne de direction ne passe par cet angle la, le choc sera encore oblique. Ce mouvement oblique sera composé de deux autres, dont il y en aura un, suivant la di-rection duquel, le corps rencontré fera obstacle au Mobile, & en mul-multipliant la vitesse du mobile, en ce sens, par sa masse, on aura la quantité du mouvement avec lequel, il tombe sur le rencontré, & le pousse.

En se rendant attentif aux princi-pes, qu'on a posés sur les chocs obli-ques

ques des boules, & fur les confequences, qu'on en a tirees, on jugera fi
le mobile, doit rebrouffer, ou continuer a fe mouvoir en avant, & qu'-
elle fera, dans l'un & l'autre cas, la
quantité de fon mouvement & fa direction.

Des
Tour-
noye-
ment.
Fig. 24.

VI. Quand un corps tel que *bmac*,
dout la ligne de direction eft *b d*, rencontre le corps *K*. & le frape en *o*,
par fon angle *a*, fi l'arrivée de *a* en
o eft immediatement fuivie du mouvement de *K*, fuivant la direction
on, ce n'eft point une neceffité que
le corps *b m a c*, tournoye, fon mouvement fera compofé de celuy de *b*
en *e*, comme au paravant & de celuy de *b* en *g* diminué, de forte que
fa direction *b d* pourra être changée,
en une direction *b f*.

Mais fi le corps *K* fait une refiftance a arrefter le mouvement *b g*, &
a empêcher la continuation du mouvement progreffif de *b m a c*, alors
la partie *a b c*, à la face *a c* de la
quelle rien ne fait obftacle, continuera
a fe mouvoir, & changera la determination qu'elle avoit en ligne droite,
& qu'elle ne peut conferver en une

de-

determination a circuler autour du point *a* Dês la ceſt une neceſſité que la determinations de la partie *a b m*, change auſſi, il luy ſurvient une eſpêſe de reflexion & de rebrouſſement circulaire, parcequ'elle cede a la force de l'autre *a b c*, qui a cauſe de ſa maſſe, a une plus grande quantité de mouvement, la partie *a b c* ne change, pas autant ſa determination que la partie *a m b*, puiſqu'ellecontinuë à s'approcher du plan *EH*, au lieu que que l'autre partie *a m b*, s'en eloigne.

Au reſte on diſputera ſi le mouvement de la partie *b m a* eſt détruit & ſi'elle en reçoit un nouveau par le moyen de la force qui reſte encore dans *a b c*. ou ſi ſon mouvement ſubſiſté, & ne fait que changer de determination.

Quand deux mobiles ſe rencontrent par leurs faces, & non pas par leurs angles, il ſe peut que la même ligne ne joigne pas leurs directions, ſans que pour cela leurs chocs ceſſent de devoir paſſer pour directs : Le même effet a lieu, que s'ils étoient parfaitement à plomb.

Ce la arrive lors que les lignes de

direction du mouvement de chaque
mobile, paſſent par leurs faces, qui
ſe touchent, car alors chaque mobile ne preſſe l'autre, que par une direction, & par la ſeule direction
qu'il ait.

La ligne de direction *c d*, ne paſſe pas par le centre *e*, du mubile *B*.
Mais du centre *e* ou peut tirer ſur la
face *fg* une ligne *eb* parallele a la direction *cd*, & qui eſt elle même u-
ne ligne le long de la quelle le mobile *A* avance & pouſſe,

Lors que la ligne de direction *m n*,
paſſe par une autre face, que celle
du contact *bc* il doit ſe faire une tournoyement au cas que le corps *A* ſur
lequel tombe un tel mobile ſoit rete-
nu dans ſa ſituation; Car alors, le
mobile poligone *B*, qui ſera tombé
ſur luy roulera, le long de ſon plan
horizontal, comme il feroit par ſon
mouvement de peſanteur le long d'un
plan incliné, car toutes les fois que
la ligne de direction du mouvement
paſſera le long d'un autre plan, que
par celuy du contact, la partie que
cette ligne traverſera, ayant plus de
vigueur que l'autre, continuera à
s'ap-

s'approcher du plan & determinera l'autre *cbpv*, a s'en aloigner.

Un mobile determiné une fois a tournoyer, persevereroit t-il dans ce genre de mouvement, quand même la cause qui l'auroit dabord fait naître, n'auroit plus de lieu?

Cela n'eſt pas ſans vrayſemblance. Il y à une varièté & un changement continuel de determinations dans un corps qui décrit une courbe; deſorte que ſi le corps *B*, à dêja tant ſoit peu tournoyé, dans le temps que ſa face *be*, à été retenuë & empêchée d'avancer par le plan *fg*, chacune de ſes parties ſe trouve par la même determinée, a parcourir la tangente de l'arc, qu'elle vient de décrire. Au commencement du temps immediatement ſuivant, ces determinations, peuvent n'eſtre pas ſans effet, & de leurs combinaiſons réiterées peut reſulter une continuation de Tournoyement.

VII. Qu'il me ſoit permis de le Rerepeter. Il me paroit que pour bien juger des chocs des corps parfaitement durs, & des ſuittes de ces chocs, il importe extrêmément de le détai-

re des idées aux-quelles les chocs,
dont nous sommes sans cesse temoins,
nous ont accontumé; car pour ce qui
est des masses, qui nous environnent
comme il n'y en a point qui ne soit
poreuse, & dont les parties ne cedent au moins quelque peu : pendant
que les mobiles, qui se choquent,
employent une partie de leurs temps,
& de leur mouvement a ployer les
parties l'un de l'autre, le progrês total de leur masse est comme arresté,
& il nous paroit suspendu, par ce
qu'il est extrêmement retardé, cela
donne lieu a des cas qui ne sçauroient arriver, dans le choc des corps
sans pores, dout aucune partie ne cede, ne s'ebransle & ne tremousse separément, & des qu'à la fin d'un temps
deux tels mobiles se sont rencontrés,
c'est une necessité que sans aucun intervale, au commencement précis
du temps suivant, ces mobiles avancent, ou rebroussent, s'ils doivent
avancer ou rebrousser.

*Aver-
tisse-
ment.*

VIII. On auroit pû, par des divisions & des subdivisions & sur tout
par des *dicotomies*, multiplier davantage les cas, Mais souvent ces cas
n'ont

n'ont qu'une diverſité apparente, &
ſe trouuent, dans le fonds, les mêmes conſequences d'un même Principe, il me paroiſt que la meilleure
methode, eſt celle qui s'aſſuietit le
plus à la nature des choſes que l'on
traite, & c'eſt pour ne pas les perdre
trop de vue, que je ne me ſuis pas
étudie àdonner d'autres formules que
celles, qu'on a veües; celles qui renferment un tres grand nombre de cas
ſous les mêmes expreſſions, n'ont
ſouvent qu'une beauté apparente, elles ne preſentent rien de diſtinct, &
ce n'eſt qu'en les changeant en d'autres, & en les multipliant qu'on voit
clair, dans les choſes mêmes.

PARTIE VIII.

Nouvelles reflexions ſur les Chocs Obliques.

On pourroit propoſer ceproblême Pro-
 Deux maſſes ſont données leur poſiti- blême.
on léſt auſſi, on a encore tracé la rou-
te, que l'une doit prendre, & on a en- Fig.27.
M 3

fin

fin determiné la vitesse avec la quelle on souhaitte qu'elle se meuve apres le choc. Il s'agit d'assigner la route de la seconde, qui doit mettre en mouvement la premiere, & la vitesse avec la quelle, elle doit parcourir sa route avant le choc.

D'abord je suppose les deux Masses égales: Laboule B. doit parcourir aprés le choc BC, dans une minute, ou dans un temps determiné, que jappellerai T. Je tire laligne CD, & du centre de la boule D j'abaisse la perpendiculaire DE.

Du même centre je tire l'hypothenuse DF, en cette sorte que FB egale les deux demi diametres.

Il est évident que la boule D, aprés avoir parcouru DF, poussera la boule B, suivant la même direction que si, elle avoit parcouru EF.

Suppoſons que EF, ſoit le tiers de BC.

La boule D, feroit parcourir BC à la boule B. dans *un* temps, ſi elle avoit auſſi parcouru dans *un* temps, ſur la direction EF, une ligne double de BC, & parconſequent ſi elle avoit parcouru $EF = \frac{1}{6} BC$, dans $\frac{1}{6}$ de Temps. Mais

Mais pour cela, il faudroit que le mouvement imprimé à la boule B, fut capable de luy faire aussi parcourir dans $\frac{2}{7}$ de T, la ligne DE.

Il s'agit de decider en combien de temps les deux impulsions feront parcourir la ligne DF.

Supposons DE de 3 mesures, & EF de 4, DF sera de 5.

Le Mouvement imprimé a la boule D, est capable de luy baire parcourir dans $\frac{2}{7}$ de T. la Valeur de DE † EF, parconsequent 7 mesures. Dans combiénde temps, ces deux impulsions réünies Feront elles parcourir la ligne DF de 5? on trouvera $\frac{5}{42}$.

En Effet si la boule D, avoit parcouru GF de 7. mesures, cest adire avec une vitesse de 7 digrés, dans $\frac{2}{7}$ de T. elle pousseroit la boule B, non suivant toute saforce de 7 degrés, Mais suinant une portion de cette forte, qui seroit a celle qui n'agit point sur B, comme 4, este a 3. or si elle avoit parcouru EF dans $\frac{2}{7}$ de T, ou $\frac{7}{42}$. elle décriroit DF, Dans $\frac{5}{42}$.

Il est aisé d'Etablir la formule generale.

J'appelle la vitesse dela boule B,

après.

après le choc *H.* la vitesse commune sera donc *H*, & la quantité de mouvement $DH \dagger BH$.

Et puis qu'elle etoit deja telle, avant le choc, la vitesse de la boule *D*, devoit être $\frac{DH \dagger BH}{D} = H \dagger \frac{BH}{D}$. c'est la vitesse en vertu de la quelle, elle pousse la boule *B*.

Telle est la vitesse avec la quelle elle auroit dû se mouvoir, pendant la durée de *iT.* sur la direction *EF.* Par conséquent.

Comme H. est a $H \dagger \frac{BH}{D}$, ainsi *BC* est alalongueur delaligne que la boule *D* auroit parcouru en *iT.*

On a donc pour cette ligne $H \times BC. \dagger \frac{BH \times BC}{D}$ divisé par H, c'est adire $\frac{H \times BC}{H} \dagger \frac{BH \times BC}{HD} = BC \dagger \frac{B \times BC}{D}$

Appellons la ligne Bc, *L*, nous aurons $L \dagger \frac{BL}{D}$, pour lalongueur à parcourir, dans *iT.*

Or

Or Comme $L \dagger \dfrac{BL}{D}$ est a EF ::

Ainsi iT, est a la portion de temps que le méme mobile employe a parcourir EF.

Appellons EF. M. on aura pour cette partion de iT $\dfrac{TM}{\dfrac{L\dagger BL}{D}}$

Quon appelle DE. N.

Pour avir *le temps* pendant lequel, se parcourera $DF = VMM \dagger NN$. on fera.

$M \dagger N$ $V.Mm \dagger NN$ :: $\dfrac{MT}{\dfrac{L\dagger BL}{D}}$

a quoy?

$M \dagger N.$ $VMM \dagger NN$ :: $\dfrac{MT}{\dfrac{L+BL}{D}}$

$\dfrac{MT}{\dfrac{L+BL}{D}} \times \dfrac{VMM \dagger NN.}{M \dagger N.}$

Si $D = B.$ $M = 4.$ $N = 3.$

on aura $MT = 4T.$ $L \dagger \dfrac{BL}{D} = L \dagger L.$

$= 2L.$ & $\dfrac{MT}{\dfrac{L \dagger BL}{D}} \times \dfrac{VMM \dagger NN.}{M \dagger N}.$

$$\frac{4T}{2L} + \frac{\sqrt{16+9}}{4+3} = \frac{4T}{2L} \times \frac{5}{7} = \frac{20T}{14L}$$

Et en supposant comme on a fait $EF = M = \frac{1}{3} Bc = \frac{1}{3} L$. on aura $L = 3M.$ & $2L = 6M.$ On aura donc

$$\frac{20T}{2L \times 7} = \frac{20T}{42M} = \frac{10T}{21M} =$$

$$\frac{10T}{84} = \frac{5}{42} T.$$ Comme on avoit trouvé, avant que établir la formule generale.

On trouvera peuteſtre que jay mis trop de facon a la solution de ce problême, & quil ſuffiſoit dedire, Deſque la raiſon de *EF* à *Bc* eſt conüe on ſcait dans quelle portion de temps *ET* doit ſe parcourir avec une viteſſe qui feroit parcourir *Bc* dans un temps donné.

La raiſon des 2 boulles *D* & *B* étant encore donnéé, on connoit avec quelle viteſſe *EF* devroit ſe parcourir avant le *choc*, affin que la viteſſe commune a *D* & à *B*. après le choc fit parcourir *Bc*.

De la on conclud que *DT*. deuroit ſe parcourir dans cette même portion de temps, que *EF* deuroit ſe decrire pour produire l'Effet requis

quis ; & on conçoit que deux impulfions. dont l'une feroit capable de faire parcourir *DE*. & l'autre *DK* $=$ *EF*,
dans le même temps, feroient parcourir precifêment a la boule *D* la
ligne *DF*. dans ce temps la.

On ne fcauroit difconvenir que la
boule *D* pour fraper lá boule *B*, avec
une force capable de lui faire parcourir *Bc* dans *I* temps, ne doive fe mouvoir fur *DF*, avec une telle vigueur,
que la boule, *B* en foit auffi vive-
ment frappéé, qu'elle le feroit par
une boule égale à *D* que auroit parcouru *EF*, d'une viteffe fuffifante
pour entrainer la boule *B*, & avoir
avec élle une viteffe commune capable de faire parcourir *Bc*, dans *i T*.

On convient encore qu'une boule
D, aprês avoir parcouru *DF*, pouffe
la boule *B* de *B* vers *C*, avec une
vigueur qui feroit à celle avec la
quelle. elle auroit pouffé une boule
g vers *Z* comme la longueur *EF*,
eft a la longueur *DE*.

Mais on peut encore demander.
Une boule *D*, apres avoir parcouru
DF, dans une minutte frappe t-elle
la boule *B*, Et la pouffe-t-elle de *B*
M. 6
vers,

vers G, & en même temps la boule g, de g vers L, avec autant de vigueur que la boule B le feroit par une boule $X = D$ qui auroit parcouru EF dans le même temps d'une minute, & que la boule $V == B$ le Seroit encore par une boule S égale

Fig. 28. a D, qui auroit parcouru DE dans une minute?

Et voicy cequi donne lieu a cette demande, les boule D, X, & S étant égales, on les doit defigner, chacune par i. Or la maffe i. multipliéé par la viteffe EF† la viteffe DE donne une quantité de mouvement, plus grande que la même maffe multiplicé par la viteffe DF, qui eft la racine quarrée de EF† DE, & il femble que des mobiles égaux avec des quantités de mouvemenr in égales ne doivent pas produire des effets égaux.

J'ai donc raifonné fur un cas, qu'on n'a peuteftre pas encore aflez approfondi, & dont il me femble quon n'a pas encore aflez éxaminé toutes les difficultés.

J'en uferai fur cette Queftion, comme j'ai fait fur l'une des précedentes.

Je

Je ne prendrai pas de parti , & je
me bornerai a propofer des difficultés fur lesquelles , je ne trouve pas
qu'on ait encore affez fait d'attention.
Cette methode me paroit la plus propre, pour avancer la phyſique ; on
examine, & on confere avec beaucoup plus detranquilité, & parconſe-
quent avec moins de prévention &
plus de fucces, quand on fe contente de comparer lés differentes hypotheſes, fans fe determiner pour l'une,
préferablement a l'autre.

II. Je fuppofe que la boule Solide
A, apres avoir parcouru dans une minute la ligne *AB*, que je diviſe en
10 parties égales, rencontre a plomb
la boule *B* en repos & d'egale grof-
feur. On convient qu'apres le choc,
elles parcoureront, dans une minute
la ligne *BC*, de 5 parties & par la,
la boule *B* aura receu 5 degrez de
mouvement,

Mais fi au lieu de cela, on fuppofe que la boule *A* ait rencontre la boule
D obliquement, & l'ait frapée fuivant
la direction *DE* qu'arriverat'il ?

Jufques ici on a concen que la boule *A* pouſeroit la boule *D*, avec une

Etat
precife
la qui-
ftion

Fig. 20.

M 7   for-

force egale à celle, avec la quelle elle auroit pouſſé la boule *F* aprés avoir parcouru le côté *AF* de 8 parties, de ſoit que la boule *D* avanceroit ſur *DE*, avec 4 degrés dé mouvement.

Par la même raiſon une boule *H* avanceroit, ſur *Hg*, avec 3 degres & dans un temps, parcoureroit une ligne $= \frac{1}{2} AK$.

Et ſi la boule *A* rencontroit en même temps les deux *D* & *H*, elle imprimiroit dans l'une 4 degres, & l'autre 3 puis qu'elle ágiroit ſur l'une avec une force, dont *AF*, (longue de 8 parties) & ſur l'autre avoc une force dont *KH* (longue de 6 parties) ſeroient les meſures.

Diffi-culté. III. Cela étant la boule *A* qui n'imprime que 5 degrés a la boule *B*, qu'elle frappe a plomb, en imprimeroit 7 aux deux *D* & *H*, qu'elle ne frappe qu'obliquement.

Et comme elle n'imprime ſur *D*, que la moitie de la force, avec la quelle, élle ſe portoit de *K* vers *A*, aprés le choc, il luy reſteroit de forces quatre meſures d'un côté, & Trois de l'autre, forces qui jointes enſemble, metroient cette boule *A* en état de

faire

faire sur la direction commencée, au moins cinq mesures, (dans l'hypothe-se, dont j'expose les inconveniens) c'est a dire de faire un chemin qui porteroit le caractere de 5 degrés de mouvement, elle en auroit donné 7; il luy en resteroit 5; elle n'en a-voit que 10,

Aprés les chocs il y auroit deux de-grés de mouvement de plus, qu'a-vant les chocs, & parconsequent deux degrés de plus, que si le choc avoit été direct, au lieu d'être oblique.

Si la boule *A* rencontre deux au-tre boules aussi obliquement, que dans le cas, qu'on vient d'expliquer le mouvement qui sur 10 degrés, s'etoit augmenté de 2, sur 5 s'aug-mentera de 1.

D'un autre côté les boules *D*, & *H* pourront chacune en rencontrer deux autre avec une semblable obli-quité, Nouvelle cause a multiplier le mouvement, qui par là croîtroit a l'infini, parceque les chocs obli-ques sont plus frequens que les chocs, qui le font directement & a plomb.

Cette augmentation de mouvement pourroit aller, tout autrement loin, ſi les boules étoient a reſſort.

Quand la boule *A* auroit heurté
a plomb une boule *B*, double en
maſſe, de 10 degrés, elle luy en au-
roit donné $6\dagger\frac{1}{2}$, Eſt'il concevable
qu'elle en donne plus aux deux *D* &
H, dont chacune lui eſt égale, &
qu'elle ne frappe chacune qu'obliquement? N'eſt il pas plus conforme,
a la raiſon de penſer, qu'elle leur en
donnera moins?

Pour repandre du jour ſur ces difficultés, il faut ſeparer avec un grand
ſoin le certain d'avec cequi ne l'eſt
pas également.

**Princi-
pes.**

IV. La direction de la ligne, qu'
un mobile parcourt dépend de la direction du choc, qui là mis en mouvement.

La longueur de la ligne pàrcou-
ruë, dans un temps determiné dépend de la viteſſe du mobile, & elle
eſt proportionnée a la quantité de ſon
mouvement, parceque quand il n'y
à qu'un ſeul mobile, ou que l'on compare les uns avec les autres, pluſieurs
mobiles égaux, les mêmes nombres
qui expriment leurs viteſſes, expriment auſſi leurs quantités de mouvement.

Un

Un Corps eſt mis en mouvement, on par l'impulſion d'un ſeul mobile, on par celle de pluſieurs.

Par conſequent la direction d'un mobile, eſt l'effet, on d'une ſeule direction, ou de pluſieurs qui agiſſent en même temps ſur luy.

Tout ce qui exiſte, *Subſtance*, *Mode*, *Relation*, *Quantité* de mouvement, *Determination*, Tout ce disje qui ce commencé d'exiſter, eſt, par la même, determiné à continuer, & toute *maniere d'eſtre*, de la quelle des oppoſitions ne rendront pas la continuation impoſſible, perſeverera à exiſter.

V. Un mobile *A* pouſſé de *A* vers *K*, par une direction *LA*, decrira premierement *AK*. puis il continuera à ſe mouvoir ſur *AK*, prolongée.

De même le mobile *A* pouſſé de *A* vers *F*, decrit premierement *AF*.

Si le mouvement imprimé ſur le mobile *A* par la puiſſance *L*, étoit ſi eſſentiellement lié, avec ſa direction *AK*, qu'il fût impoſſible que l'une de ces manieres d'eſtre ſubſiſtat ſans l'autre, s'il y avoit encore la même Liaiſon entre le mouvement imprimé,

Premieres conſequences Fig. 30.

par

par la puiſſance *M*, & la direction
AF, comme il eſt impoſſible que le
Mobile *A* ſe porte tout a la fois, ſur
chacune de ces lignes, il faudroit neceſſairement ou quil s'arreſtat en *A*
par la ceſſation entiere de ces deux
mouvements, on qu'il ſuivit ſur une
de ces lignes, la direction d'un ſeul,
pendant que l'autre ſeroit entierement détruit.

Si les deux impreſſions des puiſſan-
ces *L* & *M*, étoient preciſément d'e-
gale force, & ſi le mouvement imprimé par *L*, ne pouvoit ſubſiſter
que ſur la direction *AK*, & le mouvement imprimé par *M*, ne pouvoit
non plus ſubſiſter que ſur la direction *AF*, il eſt viſeble que dans ce cas,
l'un & lautre demeureroent ſans
effet.

Mais ſi le mouvement imprimé par
la pruiſſance *m*, étoit le plus vigoureux ; le mouvement ſur *AK*, ne
ſubſiſteroit point, & il ne s'en feroit qu'un ſur *AF*, dont la viteſſe ſe
meſureroit par l'excez de *AF*, ſur
AK, au cas que *AF*, *AK*, ſetrou-
vaſſent propres à deſigner le rapport
des deux chocs.

VI. Mais

VI. Mais puisque cela n'arrive pas ainsi, c'est une seconde preuve, que l'Existence de la quantité du mouvement n'est pas tellement liée, avec celle d'une singuliere *determination* que l'une de ces *relations*, ou l'un de ces *modes*, ne puisse subsister sans l'autre, ou que l'Une ne puisse cesser, sans que l'autre cesse. Et en Effet, puisque autre est dans un Corps, se mouvoir ou *appliquer successivement* sa surface, *autre*, se *porter* precisément vers on certain *point*, il ne sensuit pas que si la *seconde* de ces *manieres d'estre* cesse, *la premiere* doive cesser par la même.

Supposons *AF* scituée dans la direction d'un Meridien & que *F*, soit du côté du Septentrion, il paroit que la puissance *M* en poussant dans la direction *MA*, fait trois choses en même temps, 1°. Elle donne au mobile *A* une certaine quantité de mouvement, c'est a dire, elle le met en état de parcourir dans un temps determiné, une certaine longueur, 2°. Elle le determine a se mouvoir sur *AF*. 3°. elle le determine a devenir de moment en moment plus septentrional. La

La puiſſance *L* produit auſſi trois effets proportionnels , ſur le mobile *A*, dont le 3ᵉ. eſt de le determiner à devenir de moment en moment plus oriental :

Il eſt manifeſte que le ſecond des Effets de la puiſſance *M* ſur le Mobile *A*, ne peut ſubſiſter avec le ſecond des effets de la puiſſance *L*, ſur le même mobile Mais il n'y apas de contrarieté entre les deux autres, & il eſt tout évident, que chacun des 3ᵉ. peut ſubſiſter puiſque le mobile *A* peut devenir en même temps plus ſeptentrional, & plus oriental, il gardera donc ces deux relations, & ces deux manieres d'être, il ne les gardera pas ſur les lignes *AF* & *AK*. Car cela eſt impoſſible, Mais il les gardera ſur une troiſiême : Il s'agit de la décrire.

VII. Si le mobile A eſt pouſſê avec des forces égales , du coté du Jeptentrion, & du coté d'Orient il eſt manifeſte qu'autant qu'il deviendra plus ſeptentrional, autant deviendra t'il auſſi plus oriental, Parconſe-quent il deura décrire une ligne dont chaque point ne ſoit pas moins orien-
tel

tal que septentrional par dessus le
précedent.

Qu'on fasse rencontrer à angle droit
les lignes égales, *AK* & *AF*, dont
AF, marquera le direction du Meridien, du midy au septentrion, Qu'on
achêve le quarré *K A H F*, qu'elle
que soit la longueur des Côtez *AK*,
AE, n'importe la diagonale AH
marquera également la route du mobile *A*.

Mais si la quantité qui pousse vers
le septentrion agit avec plus de force, que celle qui pousse vers l'orient.

Qu'on fasse les deux côtés *AK*,
AK, inégaux, Mais en conservant
dans leurs differentes longueurs, la
raison de la force *m* a la force *L*. &
qu'on acheue le parallelograme *K A*
F H. sa Diagonale *AH*, marquera encore la route du mobile *A*, car la raison suivant la quelle chacun despoïnts
de cette Diagonale, s'avance plus
vers le septentrion, que vers l'orient,
c'est precisêment la raison de la force
m, à la Force *L* Qu'on fasse les côtés
AF — *AK* fort grands, on fort petits, cela est indifferent car pourvû
que leurs longueurs soient entrelles
sui-

fuivant la raifon de *M* a *L*, la Diagonale fur la quelle fe fait le chemin
du Mobile *A*, gardera toujours la
même pofition. De forte que le raifonnement par le quel on determine
la route que fuivra un Mobile A,
pouflé par deux forces *M* & *L*, a
toujours la même evidence, & marque toujours également cette route,
quelque longueur qu'on donne aux
Côtez *AF* & *AK*, pourvû que ces
longueurs foient toujours proportion-
neles aux forces *M* & *L*.

De la preuve qui démontre précifément cette route, de cette preuve,
Dis je, ainfi tournéé, on ne peut
rien inferer qui determine la longueur
de cette route, le raifonnement qu'on
vient de lire prouve bien que le progrez du mobile fe fera fur la Diagonale : Mais il ne decide point fi elle fera
décrite toute entiere dans un temps
donné on s'il ne s'en decrira qu'une
partie, on fi enfin le Mobile la continuera en fortant du Parallelograme.

Quand donc un mobile *A* eft pouffé par deux chocs, 1°. on fait con-
courir a la pointe d'un angle, les
di-

directions de ces deux chocs, 2°. on determine la longueur de chaque jambe, fuinant le rapport qui fe trouve entre la force de ces deux chocs, 3°. on achêue le parallellograme dont les deux côtés font donnés. 4°. En traçant la Diagonale de ce parallellograme, on trace la direction qui refulte de ces deux chocs. Tout cela eft demontré depuis longtems, & hors de conteftation.

Il refte a fcavoir fi cette Diagonale eft auffi la mefure précife de la quantité du mouvement imprimépar les deux chocs fur un mobile A, c'eft adire, il fagit de fcavoir fi au cas que le mobile A cedant au choc L feul, eut decrit AK pendant le temps d'une minute, & que, cedant au choc M feul, il eut decrit AF auffi pendant le temps d'une minute, il doit luy arriver (au cas quil foit pouffé en même temps par les deux chocs) de décrire dans cet efpace d'une minute AH feulement, ou AH prolongéé, jufques a ce quelle foit $= AF \dagger AK$.

VIII. Quand le mobile A aprês On avoir parcouru AB. rencontre la bou conti-

le nue en-

core a
feparer
le cer-
tain
d'avec
cequi
ne l'eſt
pas é-
gale
ment.
Fig 3 ⁶.

le *D* ſituée dans la direction *KDE*
preciſêment parallele à *AF*, & qui
va du midy au ſeptentrion, il n'eſt
point neceſſaire que ce mobile *A* pour
continuer ſa route, pouſſe la boule
D ſuivant ſa direction *DN*, il ſuffit
qu'il la faſſe avancer ſuivant la direction *DE*, & qu'il la chaſſe préciſément vers le ſeptentrion, puis qu'elle ne l'arreſte & ne luy, fait obſtacle
qu'en ce ſens, Par cette même raiſon le même mobile *A* ne pouſſera la
boule *H*, que ſuivant *Hg*, vers l'o-
rient.

Puiſque le mobile *A* ſeporte vers
le ſeptentrion, il à la force de pouſſer vers ce terme la, cequi luy eſt
oppoſé en ce ſens. De même puiſqu'il ſe porté d'occident en orient il
pouſſe auſſi vers l'orient cequi fait
obſtacle a ſon progrês, de ce côté
là. Ainſi les directions des boules
D & *H*, ſont bien determinées par
les lignes *DE*, *HG*, paralleles aux
côtéz du parallelogrance *AK*, *AF*,
mais il ne ſuit pas de là que ces mêmes côtés ſoient la juſte meſure des
forces avec les quelles le mobile *A*
pouſſe les boules *D* & *H*.

A

A La verité les, forces avec les quelles le mobile A pousse *D* & *H*, sant entr'elles comme les Côtés *AK* & *AF*, parcequil pousse *D* plus sortement que *H*, àproportion queson mouvement vers le septentrion est plus vigoureux, que son mouvement vers l'orient.

Mais il s'agit de determiner, non le rapport de ces deux mouvemens, qui peut d'emeurer le même, quoique leurs deux quantités varient, Mais la quantité précise de chacun.

IX. Dans ce dessein, Voici une reflexion qui se presente naturellement ; Par l'impulsion *L*, la boule *A* est determinée a devenir plus septentrionale de 4 mesures. Par l'impulsion, *M* elle est determinéé a devenir plus orientale de 3 , & cela dans une minute. Or si elle décrit précisement la diagonale *AH* , dans ce temps la au bout d'une minute, elle se trouvera plus septentrionale de 4 mesures , & plus Orientale de 3 , donc la diagonale *AH* marque précisêment la longueur du chemin qu'elle fera dans une minute, en vertu de ces deux impulsions.

Essay pour determiner la quantite des mouvemens.

N   Cc

Ce raifonnement ne mauque pas de vraifemblance & il ne faut pas s'etonner qu'on s'y foit rendu. Mais en voicy un tout femblable qui amêne à une autre conclufion. Par l'impulfion L, la boule A eft determinéé, à faire 4 mefures de chemin ; Par l'impulfion M, elle eft determinéé a en faire 3. Donc par l'union des deux, elle eft determinéé a èn faire *fept*, & par confequent a parcourir dans une minute une ligne plus longue que la Diagonale AH.

Si l'on dit. Mais en ce cas, elle deviendroit plus feptentrionale , & plus orientale. On répondra que dans l'autre , elle ne feroit pas un progrés qui égalât 4 † 3 mefures. Ainfi il faut de toute neceffité que la réunion des deux chocs, & des deux forces impriméés par ces chocs ; foit fuivie de changement , non feulement parceque le mouvement fefera fur la Diagonale . aulieu defe faire fur les Côtés ; Mais deplus parceque, ou les progrés tant du côté du feptentrion que du Côté de l'orient, feront augmentés , ou que la quantite du mouvement fera en partie dé-

détruite. Il s'agit préſentement de chercher, & de démontrer lequel de ces deux changements eſt le plus vraiſemblable.

Voici ce qu'on peut dire en fau‑ eur du chaugement qui ſurvient aux determinations, & les augmente, préferablement au changement qui ſurviendroit a la quantité, & qui la diminueroit ; C'eſt qu'un mobile n'a qu'une quantité de mouvement, au lieu qu'il s'eloigne en même temps, & qu'il s'approche d'un tres grand nombre de termes, deſorte que ſi on vouloit deſigner ſa quantité de mou‑ vement, par des lignes tirées, de‑ puis les termes, dont il s'eloigne, juſqu'a ceux dont il ſapproche, dans un temps determiné, cela iroit à l'in fini, quoyque ſa quantité de mouve‑ ment fut unique, & non multiple.

Si l'on prend ce dernier parti, on ſe trouvce bientôt embaraſſé d'une difficulté nouvelle, car aprês avoir poſé que le mobile *A* décrit dans u‑ ne minute, la Diagonale *AH*, de 10 meſures, & lui avoir par là re‑ cônu 10 degrés de mouvement, on pretend qu'il choquera la boule *D*

avec

avec une force de 8 , & la boule H avec une force de 6. parceque fur *AK* feule , il auroit eu 8 degrés, & fur *AF* feule 6.

Je Vais Examiner Ce Cas.

Fig.31.

Une feule puiffance *P* a pouffé la boule *A* fuivant la direction *AB*. & lui a imprimé 10 degrés de mouvement en vertu desquels elle a parcouru, dans une minute *AK*, de 10 mefures, & elle eft prefte a parcourir dans un temps égal *AB* auffi de 10 mefures égales.

Les lignes *AB*, *AF*, *AK*, font entr'elles Comme 10. 8. & 6. fi donc le mobile *A*, aprés être parvenu en *B* dans une minute, pouffoit la boule *D* : comme s'il avoit parcouru, dans une minute , une longueur *AF*, & la boule *H* comme s'il avoit parcouru une longueur *AK*, il fraperoit l'une avec une force de 8, & lautre avec une force de 6. & cependant il n'en à que 10.

Ne feroit il point plus naturel de conclure, que le mobile *A* agit fur la boule *D*, avec 5 degrês †½ defon
mou-

mouvement, & sur la boule *H*, avec 4 degrés ⁵⁄₇ Par là il se trouve qu'il agit sur les deux avec toute l'étendüe, de ses forces, & que son action sur chacune est proportionnéé à la quantité des deux progrés, qu'il fait l'un vers la septentrion, l'autre vers l'orient.

On feroit donc. $8 + 6 \begin{cases} \dfrac{8}{6} \end{cases} :: 10.$

$\dfrac{5 + \frac{2}{7}}{4 + \frac{2}{7}}$ & en General on auroit.

$$\frac{AB + AF}{AF + AK}$$ pour mesure d'une des actions, & $$\frac{AB + AK}{AF + AK}$$ pour la mesure de l'autre.

Si les mobiles sont égaux, & parfaitement durs, la moitié de la premiere de ce quantités, marqueroit le chemin de la boule *D* ; dans une minute & la moitié de la seconde marqueroit la longueur du chemin de la boule *H* dans le même temps.

Je suppose que le corps *d*, dont le centre de gravité est dans la ligne *a e*, est de même poids que les boules *a.b.c.* si *a* ne rencontre que *d*, Ils s'avanceront ensemble suivant la

Fig. 33.

di-

direction *a e*. avec la moitié de la vitesse, que *a* avoit avant le choc.

Si *a* pousse les boules *b* & *c*, avant que de rencontrer *d*. *a* & *d*, s'avanceront après ce choc, avec la moitie de la vitesse qui restoit au mobile *a*, apres avoir poussé *b* & *c*.

Et si le mobile *a* ne pousse *b* & *c*, qu'apres avoir donné la moitié de sa vitesse à *d*. *b* & *c*. ne s'avanceront après ce choc, qu'avec la moitié de la vitesse qu'elles auroient receu, si le mobile les avoit frappéés avant que de pousser *d*.

Le choc de *b* & de *c* retrauche de la vitesse de *d*; & reciproquement le choc de *d*, retranche des vitesses de *b* & de *c*. Quelles seroeint les vitesses de ces trois corps s'ils sont poussés en même temps par le seul, & même mobile *a*?

Pendant que *a* conjointément avec *d* parcourt sur la continuation de *fa*, une longueur $=$ *fa*, & que j'appellerai f. les mobiles *b* & *c* parcourent sur la continuation des Cotez *ga*, *ba*, les longueurs *m* & *n*.

Avec le mouvement en vertu duquel *a* avoit parcouru *fa* dans, i T

il

il se parcourt $m + n + f$: la vitesse est
donc ralentie, & le temps alongé à
proportion. Donc. f. $m + n + 2f$::
1T. $m + n + 2f$ x T. divisé par f.

Sans la rencontre de d, le temps
pendant lequel $m + n + f$, se seroient
parcourües, par les 3 mobiles égaux
$a.b.c.$ auroit eté $\dfrac{m + n + f}{f}$

La Vitesse en ce cas, auroit eté a
celle qui a lieu, lorsque les 4 mobi-
$a b, c, d$ se meuvent en même temps,
en raison inverse des temps, c'est a-
dire comme $\dfrac{m + n + 2f}{f}$ est à $\dfrac{m + n + f}{f}$

ou comme $m + n + 2f$ est a $m + n + f$.

Cette formule est également applicable atoutes les hypotheses.

X. Quand on dit, une puissance
P, qui pousse le mobile A, de A en
D, produit le même effet que pro
duiroient les puissances L & M, en
donnant, l'une, de A en K, 6 degrês de mouvement, & l'autre se A
en F, 8.

On peut repondre que cest cela
même qui est en question. Le même
effet aura bien lieu, dans l'un &
dans l'autre de ces cas, par rapport

Fig 33.

a la

a la direction fur la même ligne *AB*. Mais il fagit de fcavoir, s'il fera abfolument le même, par rapport a la quantité de mouvement ; Car de deux chofes l'une, ou il ne fe perd rien de ces deux chocs imprimés fur *A*, dont l'un, lui feroit d'ecrire *AF*, & l'autre *AK*, dans une minute, ou il s'en perd quelque chofe.

Si le mobile *A* part, de *A* vers *D*, avec ces deux impreffions toutes entieres, & parconfequent avec 14 degrés de mouvement, il devra, dans le temps d'une minute, parcourir 14 mefures, ceft à dire, parcourir la Diagonale, prolongée jufques, a ce quelle foit égale, a fes deux Côtés.

Mais fi l'on prétend que les deux chocs, font d'accord en un fens, & oppofés en un autre, & que par là il s'en perde quelque chofe, il faudra tomber d'accord, que ce qui fe perd, eft perdu, parconfequent ne fe retrouve point, dês qu'il s'agit de pouffer les boules *D*, & *H*.

Si des deux impreffions qui montoient a 14 degrês, il n'en refte que
10,

10, L'action totale du mobile *A* fur les boules *D* & *H*, ne fe peut faire qu'avec ces 10: Il n'agit donc pas avec 8 fur l'une, & 6 fur lautre.

Je le repete donc. Si l'on veut que quelque chofe fe perde, il ne faut pas faire retrouver a la fin du chemin *A D*, ce qu'on a fuppofé évanouï, dés le commencement & fi l'on veut que les actions des puiffances *L* & M, paffent toutes entieres fur *A*, & qu'il ne fe perde quoyque ce foit de ce que chacune lui auroit impri-me feparément, pour raifonner con-féquemment à cette fuppofition, & à celle qui fait parcourir *AD* de dix mefures, par le refultat de ces deux actions, il ne faut pas dire que l'un de ces chocs, feul et feparé, feroit parcourir *AK* de 6 mefures, & l'au-tre *AF* de 8. Mais pour accorder ces deux fuppofitions il faut dire. Que *L* agite fur *A*, avec la force neceffaire, pour faire parcourir, dans une minute, non *AK* toute entiere, mais feulement 4 † ⁴⁄₇ des 6 parties, dont elle eft compofée; comme de fon côté la puiffance *M* devroit faire fur le mobile *A*, une impreffion ca-

pable

pable de lui faire decrirs, non *AF*
toute entiere, mais, $5 \frac{1}{2}$ des 8
porties, dont elle est composée alors
$4 \frac{1}{7} + 5 + \frac{1}{7}$ de Degres $= 10$, joints
ensemble sans aucune perte, feroient
parcourir *AD*, dans une minute.

Je continuë a ne pas prendre de
party, j'expose aussi clairement qu'il
m'est possible, & peuteftre avec trop
d'etendüe, les foudemens, & les difficultés des deux hypotheses, C'est
la methode que je fuis refolu de fuivre en Physique, & cette science
me paroit encore fur un pied, où
l'Efprit d'examen & de conference
luy convient mieux, & contribuera
plus à fes progrês, que celuy de
decifion.

On
Exami-
ne on
grand
foude-
ment
de Ly-
pothefe
ordi-
naire.

2e.
Fig. 35.

XI. Pour prouver, qu'un Mobile
A, aprês avoir porcouru la diagona-
AD de 10 parties feulement ne laiffe
pas d'agir fur la boule *D*, comme s'il
venoit de parcourir *AF*. de 8, & fur
la boule *H*, comme s'il venoit de
parcourir *AK*, de 6. on fe fonde fur
le raifonnement fuivant.

Qu'on fe reprefente une Table de
cryftal *AD*, parfaitement polie.
Qu'on fe reprefente encore, fur cette

te même table le rectangle *AaCc*, de même matiere, & également poli: pour éviter tout ce qui pourroit embaraffer l'imagination, je fuppofe les bords *AC*, *ac* de ce rectangle, plus élevés que le milieu.

Dans ce rectangle je concois fucceffivement une fourmi, puis une boule, qui le parcourent d'un mouvement uniforme, dans fa longueur de *Aa*, en *Cc*, dans l'efpâce d'une minute, pendant que ce Rectangle coule le long de la lable *ACBD*, & fe porte de *AC* en *BD*, dans le même efpâce d'une minute.

Je vois qu'au bout de ce temps là ma fourmi, ou ma boule, en un mot, mon mobile fera arrivé de *A* en *C*. & la ligne *AC*, de *AC* en *BD*, deforte que mon mobile qui au commencement fetrouvoit fur le point *A*, fe trouvera à la fin de la minute, fur le point *D*.

Et comme au milieu de fa courfe, il fe feroit trouvé en *F*. au milieu de la diagonale, au quart de fa route en *EF*, la quart de cette Déagonale, on conclud, qu'il ne l'aura point abaudonnéé, pendant

tou-

toute la minute, qu'a duré son mou-
vent, ou son transport de *A* en *C*,
qui conjointément avec celui de *AC*
en *BD* a procuré le transport de *A*
en *D*.

On est donc obligé de reconnoitre
que les deux mouvemens *AC*, & *AB*,
en s'unissant pour transporter le mobile, luy feront parcourir la Diagonale *AD*, moindre que *AC* † *AB*.
& ne le porteront point au dela.

On doit encore avouer que si le
Rectangle s'arreste en *BD*. le mobile qu'il porte, en perdant une de ses
determinations, & un de ses mouvemens, ne laissera pas de conserver
l'autre tout entier, & par ce mouvement là qu'on suppose Uniforme
il sera dans une minute, sur *BD* prolongéé, un chemin égal, a celuy
qu'il vient de faire, en parcourant
le canal *AC*.

On accordera encore, qu'en se portant de *AC* vers *BD*. il pourra frapper un corps, qui s'opposeroit a son
mouvement en ce sens, suivant une
force dont *AB*, seroit la mesure.

C'est ainsi que l'on conçoit & qu'on
doit concevoir réunis deux mouvemens,

mens, par l'un des quels un mobile
se porte, par un mouvement qui luy
est propre, vers un terme, comme
ici de *A* en *C*; pendant que par l'autre mouvement, il est porté, & a-
vancé, vers un autre terme comme
est ici *BD*, porté, dis je, par un
mouvement qui luy est commun, a-
vec celuy dela ligne *AC* qu'il decrit.

Mais en est il de même d'un mouvement qui resulte de deux corps,
qui aprês avoir frapé un mobile l'a-
bandonnent & luy laissent un seul
mouvement propre, par lequel il
se porte vers un terme, sans être
porté par le plan qui le soutient vers
un autre terme?

Pour ne laisser la dessus aucun embarras, ni aucun sujet de doute,
voici quelques disparités qu'il faudroit lever.

1e. Les puissances *L*, & *M*, a-
bandonnent le Mobile, aprês l'avoir
frappé, & leurs impressions y pro-
duisent un mouvement, aussi unique,
que si une seule force l'avoit poussé,
suivant la direction dela Diagonale
AB; aulieu que la cause, qui fait

Fig. 33.

 avan-

avancer la fourmi ou la boule fur *AC*, agit toujours feparément dela caufe qui l'approche de *BD*. ces deux actions font diftinctes, pendant toute la durée du mouvement.

2ᵉ. *Le* Mobile en s'avançant de *A* en *C*, fe meut, à quelque égard qu'on le confidere, aulien que fon progrés de *AC* en *BD*, n'empefche pas qu'on ne puiffe dire avec verité, qu'il eft en repos, dans un certain feus, car s'il n'avoit que ce mouvement là, il feroit vrai dedire qu'il eft en repos, confideré comme une partie, qui par fon contact, & fon appuy fur le rectangle *Aa Cc* compofe avec luy un feul rout, c'eft adire, qu'a c'eft égard, il a un *repos propre*, & feulement un *mouvement Commun*.

Ces defparités parroiffent effentielles

Le Mobiles décrit fur le rectangle *Ac*, laligne *AC*; On n'en fcauroit difconvenir: Il etoit d'abord en *A*, puis il fe trouve en *C*, & s'il avoit eté teint d'une couleur à fe répandre

fur

fur fon chemin, il auroit laiffé des veftiges vifibles, de fon progrês fur la ligne *AC.*

Il n'eft pas moins certain, que chaque point du rectangle *Aa Cc,* décrit une ligne égale à *AB.* fi donc le mobile demeuroit en repos, fur un des points de ce rectangle, il decroit par fon mouvement commun avec le plan qui le porteroit, un ligne égale à *AB,* Mais quand il fe meut d'un mouvement propre, comme il fe trouve fucceffivement fur tous les points de *AC,* il decrit auffi fucceffivement des portions de lignes, qui raffemblées en une fomme, feroient une longueur égale a *AB,* car il ne fait ni plus ni moins de chemin que les points, fur les quels il fe trouve.

Il n'y à la deffus aucune conteftation, & la difficulté qui fe préfente dabord, eft tres facile à refoudre. Le mouvement total du mobile, eft *AC* † *AB.* & cependant il neparcourt que la Diagonale *AD.*

Pour lever cette difficulté, il n'y a qu'à diftinguer le mouvement commun, d'avec le mouvement propre,

&

& à leur affigner à chacun fon activité diftincte, quoy que celle de l'une
fe déploye en même temps, que
celle de l'autre.

Si le mouvement le long de *AC*,
& celui qui eft parallele à *AB*, fe
faifoient l'un & l'autre par des re-
prifes alternatives, le Mobile décriroit fucceffivement les deux jambes
d'un Triangle Rectangle. En décrivant celle qui feroit couchée fur *AC*,
il s'ecarteroit de la Diagonale *AD*,
puis en décrivant la jambe parallele, à *AB*. il feroit ramené fur cette
Diagonale.

Plus ces alternatives feroient fre-
quentes, & chacune d'une courte
durée, plus les Triangles fe trouveroient petits. Ils pourroient même le devenir a un tel point, qu'ils
ne s'ecarteroient pas fenfiblement de
la Diagonale, & que les yeux, &
même l'imagination, les confondroit
avec elle, cependant leur fomme feroit toujours égale à *AC* † *AB*, le
nombre des côtés recompenfant précifément leur petiteffe.

Mais dans le cas qu'on examine,
il n'y apoint d'alternatives, & on
n'en

n'en peut point suppofer, pour petites qu'on les suppofe ; les mouvemens , fur *AC* fe faifant précifément en même temps que les mouvemens paralleles à *AB*.

Afin donc, que cette *Simultanéité*,
produife un effet qu'on ne peut pas im-
puter a des alternatives, & tienne precifément le mobile fur la Diagonale, il faut que le mouvement qui tend
à le ramener fur elle fefaffe en même
temps, que celuy qui tend à l'en é-
carter , & parconfequent , il faut
que le mobile décrive en même temps
les deux jambes d'un Triangle Rectangle.

C'eft cequi eft impoffible, fi ces
deux jambes font fuppofées en repos,
& fi l'on ne donne au mobile qu'un
feul mouvement propre, car il eft
impoffible qu'il fe trouve en même
temps, fur deux lignes differentes
& éloignées , l'une de lautre, pour
peu qu'elles le foient.

Mais fi l'on fuppofe, que les jambes paralleles à *AB*, fe meuvent, il
fera aifé de concevoir que fans aucune interruption de temps, elles ramenent fans ceffe le mobile fur

la

la Diagonale , précisément autant qu'il s'en écarte , & parconséquent l'empêchent de la quitter.

Si l'on conçoit , par Exemple, les deux , *GF*, *FE*. en repos, un mobile ne pourra les parcourir que successivement, & notre fourmi, ou nôtre boule, s'ecartera premierement de la Diagonale , en décrivant *GF*, avant que d'y revenir en décrivant *Fe*. Mais si l'on suppose que le côté *Fe*, se meuve, & que le point *F* arrive de *F* en *e*, dans le même temps que le Mobile, par son mouvement propre , a decrit *GF* , il est manifesté qu'il deura se trouver en *e*, en même temps qu'en *F* & dans la moitié de *GF*. en même temps que dans la moitié *de Fe*.

On fera le même raisonement & on tirera la même conclusion, sur quelque partie de *GF*, qu'on le suppose parvenu , car cette partie sera elle même parvenuë sur la Diagonale, en même temps.

Ainsi le mobile ne quittera point la Diagonale, parcequ'il a deux mouvemens distincts , & agissants separément, quoiqu'en même temps; &

qu'il

qu'il est toujours reporté par l'un sur
cette Diagonale, en même temps,
& autant que l'autre l'en écarte ou
qu'il s'en écarte luy même par l'autre.

Une telle Simultancité de deux
mouvemens contraires, l'un *Propre*,
l'autre *Commun*, peut obliger un mobile, sur le quel, ils s'exerceront a
rester dans la même place, de *l'Espâce*, quoyqu'il se meuve veritablement, dans le sens del'un, & dans
le sens de l'autre. Car si un mobile
avance par son mouvement propre,
du midy au septentrion; sur une ligne qui en reculant précisément autant
du septentrion au midy, le rapporte
(par un mouvement commun,)& en le
portant l'aproche du terme dont il s'e-
carte, & loin duquel il seporte, le ra-
proche, dis je, de ce terme précisément, autant qu'il s'en éloigne, ce mobile restera toujours à égale distance,
des deux termes, & quoyqu'il se meuve
par deux mouvemens tres tres réels,
il sera toujours vû, dans la même
place, ni plus ni moins, que si deux
mouvemens contraires & égaux,
l'empechoient de sortir de cette
pla-

place , & y affermiſſoient ſon repos.

Un ſeul mouvement *propre* , ne
peut point produire un ſemblable
effet: Pour un tel effet, il faut neceſſairement qu'il y en ait deux di-
ſtincs , dont l'un approche le mobile d'un terme, autant qu'il s'en écarte par l'autre ; Ceſt cequi ne peut a-
voir lieu, lors que le mobile n'a qu'un
ſeul mouvement propre, ſoit qu'une
ſeule cauſe le luy ait imprimé, ſoit
quil reſulte du concours depluſieurs
chocs. Sur nôtre Table immobile
figurons nous une boule *A.* qui
(pouſſée par une ſeule cauſe, ſuivant
la direction *AD* , ou par le concours
de deux , dont l'une pouſſe de *A* en
C , & l'autre de *A* en *B*) décrit dans
une minute la Diagonale *AD* ; Dans
un tel cas, y a t-il, la moindre vraiſemblance, adire, que ſi cette boule
ne quitte point la Diagonale *AD*,
ce la vient de ce quelle a deux mouvemens , dont l'un la ramême ſur
cette Diagonale préciſément, & autant qu'elle s'en écarte par l'autre;

Figurons nous un canal, creuſé,
dans cette table de criſtal, préciſément

2e.
Fig. 34.

ment sous la direction dela Diagonale *AD*, & concevons dans ce canal, une boule égale, à celle qui fait son chemin sur le Rectangle, en allant de *A* en *C*. Figurons nous encore, que ces deux boules égales partent en même temps de *A* & arrivent en même temps en *D*, en telle sorte que, pendant toute la durée deleur mouvement, on les void, vis a vis l'une de l'autre.

1º. Il est tres évident que le mouvement *propre* de celle qui est dans le canal, deura être plus vite que le *mouvement propre*, de celle qui se meut sur le rectangle, puisque, par son mouvement propre, celle là parcourt *AD*, & celle ci ne parcourt que *AC*, moindre que *AD*.

2º. Il n'est pas moins évident, qu'au *mouvement propre*, de celle ci, il se joint un *mouvement commun*, ou une succession de mouvemens communs paralleles à *AB*, aulien qu'on ne scauroit attribuer un tel assemblage à la boule qui se meut dans le canal.

La vitesse, avec la qu'elle la Diagonale *AD* est parcouruë, par un mou-

mouvement propre; & la viteſſe avec la quelle elle eſt parcouruë, par l'union d'un mouvement propre, & d'un mouvement commun, ces deux viteſſes, dis je, ne doivent point paſſer pour abſolument égales, & on ne doit pas juger de l'une ſur le pied de l'autre. Dans l'un des cas le mobile n'a qu'un mouvement propre, dont la ligne *AD* eſt la meſure, & dans l'autre il y en a un commun, dont la quantité *AB* marque la quantité, & un propre dont la quantité ſe meſure par *AC*; Il paroit bien n'y avoir qu'un mouvement ſur la Diagonale *AD*; mais c'eſt là une apparence, qui reſulte de l'aſſemblage de deux mouvemens, & deleurs effets reciprdques.

Uu corps parcourt une ligne de dix meſures, du midy au ſeptentrion, pendant que le plan ſur lequel cette ligne eſt tracéé & porte le mobile, ſe retire d'autant, & retire avec luy ce mobile du ſeptentrion au midy: Ne ſe tromperoit on pas, ſi on s'imaginoit, que ce corps eſt en repos, parce qu'on le voit toujours a égale diſtance, de deux termes fixes;

fixes, l'un au septentrion, l'autre au midy.

Et ne se tromperoit on pas demême, si l'on disoit qu'un mobile, qui parcourt le côté d'un réctangle, lequel réctangle parcourt lui même la longueur d'une table, n'a d'autre mouvement, que celui qui se fait sur la Diagonale, sur laquelle on le voit sans discontinuation, pendant toute la durée de sa course.

Dans le premier de ces cas, il y a deux mouvements dont l'un pousse le mobile hors d'un espâce, & l'autre l'oblige a y rentrer. Dans le second, il y a deux mouvemens, dont l'un écarte de la Diagonale, & l'autre y ramême.

La Simultanèité de ces effets, est une contradiction si on les regarde, comme resultans d'un mouvement propre ; Mais elle devient concevable, dés qu'on les suppose naitre de la simultanéité d'un mouvement propre; & d'ud mouvement dont l'activité est continuellement distincte, de l'activité du premier, quoique leurs effets se réunissent, & se confondenr en un sens.

Voi-

Voici encore un exemple qui peut contribuer a éclaircir la difference de ces deux cas.

Fig. 35.   Soyent posés, sur une Table parfaitement polie , deux rectangles *A* & *B*, faisans l'angle D droit, & situés de telle maniere que *A* puisse glisser lelong de *B*, & parcourir une ligne égalle a son coté, en seportant du cotéd *o* de la Table, pendant que le Rectangle *B* s'avancera d'ans le même temps, & fera un chemin égal, au coté du Rectangle *A* vers le terme *M*, de la même Table. Il suffit pour c'est effet, que laface inferieure de l'un de ces rectangles, soit posée en partie sous la face superieure de l'autre; Soit enfin le petit cube *C* placé à leur rencontre en *D*.

1°. Il est certain que ce cube, cedant au Rectangle *A* parcourtera toute lalongueur de *B*, & que ce même cube cedant al'impression du Rectangle *B*, parcourera toute la longueur de *A*.

2°. Après avoir réellement parcouru ces deux longueurs, il se trouvera en *E*, à l'extremité de chaque Rectangle. 3°. Le

3°. Le centre du petit cube n'aura point aboudonne la Diagonale *DC*, quoique ce centre ait parcouru les longueurs de *A*, & de *B*, & comment cela? C'eſt qu'un de ces mouvemens le ramêne, ſans diſcontinuation, ſur la Diagonale, à meſure que l'autre l'en écarte.

4°. Si le mouvement imprimé par l'un des Rectangles ceſſe, en vertu de quelque cauſe, qui l'arreſte, & le détruiſe ſeul, L'autre ne laiſſera pas pour cela de ſubſiſter en ſon entier.

5°. Quand une ſeule puiſſance frappant un Mobile *C* ſuivant la direction de *cE*, lui fait parcourir une Diagonale : Eſt on fondé à ſuppoſer que le Mouvement de ce mobile *C* ſur cette Diagonale, eſt compoſé de deux, dont l'un l'en écarte, en le pouſſant vers *M*, & l'autre l'y ramêne en lepouſſant vers *o*.

Neſt il pas vray, que des apparences égales, dans leurs effets, ne mettent pas toujours en droit, de ſuppoſe ces effets produits, par un égal aſſemblage de cauſes? Un mobile avance, par exemple du midy au septentrion de 4 mesures, dans une minute, en parcourant une ligne immobile, un autre avance de 10. mesures du midy au septentrion sur une ligne qui en même temps, recule de 6. desorte qu'an bout d'une minute, il se trouvera, comme le premier, à quatre mesures loin du meridional. A cause de cette circonstance, se trouve-t-on endroit, de supposer le premier de ces mouvemens composé comme l'autre, de 10 de progrês, & de 6 de reculemant, & tirera-t-on de cette Supposition des consequences, tout comme d'un principe réel? A quoy bon suposer qu'un homme qui a herité 10000 écus, de son Pere, & les à conservés, en à herité 50000 & en a dissipé 40000. parcique dans cette supposition, son bien se reduiroit à la même somme de 10000.

60. Si l'on conçoit que les deux rectangles, aprês être parvenus en *n*, abandonnent le cube *e*, qui dês là, se meut en vertu de l'impression qu'il à receuë des deux Rectangles sans que l'un, ni l'autre continue à s'appliquer sur lui.

Croi-

Croira-ton que dèr que le cube *e* est ainfi abondonné à luy même & que les deux Rectangles out ceffé de s'appliquer fur luy, il s'y conferve deux principes, dont l'un le pouffe a s'ecarter de le Diagonale du côté de *M*, & l'autre le ramêne fur cette même Diagonale en le pouffant du côté de *O*.

Ou trouvera-t-on plus raifonnable de penfer, qu'au moment que les deux Rectangles ceffent de fuivre le Cube *e*, puisqu'il fe trouve fur la Diagonale, en vertu de leurs deux impreffions confonduës en une, il ne la quittera plus.

7°. Pendant que les 2 Retangles pouffent le cube *e*, l'un luy donne la quantite de mouvement *A*, & l'autre *B* (effectivement il decrit la valeur de ces deux côtés,) fi au moment qu'ils auront exercé fur luy leur impreffion, its le quittent dés la; il fera pouffé le long de la Diagonale *DE*, avec un mouvement, dont la Quantité fera $A + B$, & puifque $A + B$ parcour *DE*, il ira au dela du point *E*.

8°. Et fi cela eft ainfi, puifque les Fig.33.

puifpuissances *L* & *M* font l'effet des deux Rectangles, il faudra dire que le mouvement sur *AD* sefait avec les quantités *AK* † *AF*.

XII. Il s'agissoit d'abord de determiner la force des chocs du mobile *A* parvenu en *D*, sur les boules *D*, & *H*.

Si on veut que ces Chocs, & leurs Effets, soient en raison des lignes *AK*, *AF*, cela paroit incontestable.

Mais si l'on prétend que le choc du mobile *A* sur la Boule *D* soit précisément aussi vigoureux, que s'il avoit parcouru la longueur du coté, dans le temps qu'il a parcouru la Diagonale, on trouve des raisons d'en douter.

La conclusion, qu'on tire des effet, de deux mouvemens, l'un commun, & l'autre propre, ne me paroit plus juste dès qu'on l'applique au cas présent.

Quand on se sert de Comparaisons, en veuë de prouver, & d'etablir un cas contesté, il faut qu'elles soient de la plus exacte justesse, & on ne peut plus raisonner sur l'un des cas,

com-

comme fur l'autre, dés qu'entre les caufes, qui influent fur l'un, & les caufes qui influent fur l'autre, il fe trouve quelques differences capables de varier leurs effets.

Or dans l'un de ces cas, je vois deux mouvements produits, par deux caufes diftinctes, dans leur commencement; diftinctes dans leur dureé, & qui à chaque inftant agiffent feparément, quoi qu'en même temps, aulieu que dans l'autre cas, Les deux puiffances L & M, n'agiffent fur le mobile A, qu'au moment précis de la naiffance de fon mouvement, & des là, l'abaudonnent, aprés que de leurs coucours, il s'eft produit fur A un effet auffi feul, auffi unique, auffi fimple que s'il avoit été pouffé fuivant la direction AD, par la feule puiffance P.

Dans l'exemple qu'on allegue, pour éclaircir le cas contefté, il ne feperd rien, ni du mouvement commun ni du mouvement propre, A chaque inftant, ils fubfiftent, l'un & l'autre dans leur entier.

Mais quand la puiffance L produit fur A une impreffion capable de luy

 faire

faire parcourir AK, dans une minute, & que la puiſſance M, en produit une capable de luy faire parcourir AF, ſi le mobile A, recoit
ces deux quantités de Mouvement,
il decrira en vertu d'une telle impreſſion une ligne $= AK + AF$.

Ainſi, AD prolongéé juſqu'en N,
deviendroit la Diagonale d'un rectangle, dont les cotés ſeroient plus grands
l'un que AK, l'autre que AF, & elle
feroit en N ſur les boules D; & H,
des impreſſions, non comme ſi elle
venoit de parcourir ces deux grands
côtes AT, AG. Mais ſeulement comme ſi elle venoit de parcourir leurs
parties proportionnelles AK, AF.

Si au contraire il ſeperd quelque
choſe de l'impreſſion AK, & quelque choſe de l'impreſſion AF; le
Mobile A n'agira pas ſur les boules
D & H, comme s'il avoit receu ces
deux impreſſions, & qu'il les eut
conſervé tout entieres; Mais il agira
ſeulement ſuivant deux forces proportionnelles à ces lignes, & dont
la ſomme ſe meſureroit por la ligne
AD; & non pas par $AK + AF$.

J'examinerai, en obſervant la même

mc Methode, s'il se perd quelque chose des impressions *AK. AF.*

XIII. Il se fait sur le mobile A, une impression, suivant la direction *TA*, capable de luy faire parcourir *AP*, dans une minute, il s'en fait une égale, suivant la direction *MA* qui sen'e, luy feroit aussi parcourir *AD* $=$ *AP*.

On Exami-
ne une
autre
questi-
on.

Fig. 36.

Ceux qui croyent, qu'il se détruit une partie de ces deux impressions raisonnent ainsi.

L'Impression *MA*, est composée de *MN* † *MC*, ou *CA* † *NA*. l'impression *FA*, est compoféé de *GA* † *NA*, or de ces 4 impressions, les 2 *CA*, *GA*, sont directement contraires, de forte qu'elles se rendent reciproquement sans effet. Restent les deux impressions suivant *NA* qui s'uvissent pour pousser le mobile *A*, suivant *NA* prolongéé & leus faire décrire, dans une minute *Ax*, qui deura estre égale a 2*NA*, si leurs impressions passoint toutes entieres.

Ce raisonnemènt a sa vraisemblance; Mais si on le pousse, il amême a une conclusion, toute contraire a te qu'il suppose, & qui renverse son principe.　　O 4　　Le

Le Mobile *M*, & le mobile *F*, parviennent en *A*, avec des forces, dons les unes, font impreſſion ſur le mobile *A*, & les autres n'y en font point.

Les forces ſans effet ſont *CA* † *GA*, & celles qni font impreſſion ſont les deux *NA*.

Le Mobile *M*, parvient donc en *A*, avec la force *NA*, qui agit, & avec la force *CA* qui ſeperd par l'oppoſition de *GA*, on cequi revient au même, il y parvient avec les forces *MC*, & *MN* $=$ *CA* † *NA*.

Or le Mobile *M* parvient en *A* avec les for ç es qu'il a receuës en *M*, & qu'il a conſervéés en parcourant *MA*.

S'il y parvient avec *MC* † *MN*, il eſt donc parti, de *M*, avec ces forces, & il n'eſt pas vrai, qu'il ſeperde quelque partie des forces, dont les côtés ſont les meſures. La force qui ſeule lui auroit fait parcourir *MC*, & celle qui ſeule luy auroit fait parcourir *MN*, ſont l'une & l'autre reſtéés tout entieres ſur luy, ce qui eſt préciſément le contraire, de ce qu'on avoit dabord établi.

Quand

Quand les deux Puissances *M*, & *F*, seroient l'une & l'autre des corps a ressort, ou des corps mols, de même que le mobile *A*, les efforts *CA*, *GA* pouroient se consumer reciproquement en ployement de parties. Mais comme il ne se peut faire, ni ployement, ni Tremoussement, dans des corps parfaisement solides; des que le mobile *A* cede, dans un sens, la quantité des impressions qui se font sur luy, au moment que les corps *M* & *F* y arrivent, cette quantité prend toute entiere cette determination; au moins, s'il est vray qu'un corps en mouvement change ses directions, plutost que de perdre son mouvement.

XIV. Soit un poids quesconque *A*, en équitibre avec les deux forces *T* & *S* qui le soutiennent, par le moyen des cordes *TM*, *SN*.

Il est demoutré, qui si, sur une portion *AB* de la direction du poids *A*, comme *Diagonale*, on imagine un parallelograme *FG*, dont les côtés *AF*, *AG*, soient pris sur les directions: *AM*, *AN* des Puissances *T* & *G*. on aura toujours.

Examen d'un argument tres éblouissant.

Fig. 37.

O 5

Com-

Comme la pesanteur de ce corps *A* est à chacune de ces deux puissances *T* & *S*.

Ainsi la diagonale *AB*.

Est à chacun de côtés *AF*, *AG*.

Or ce poids *A*, étant ainsi en équilibre avec la force *O* resultante du concours d'action de ces 2 puissances sur luy, cette force *O* doit être égale à la pesanteur de ce Poids, & dirigéé à contresens de cette pesanteur suivant la même *AB*.

Donc la force *O*, resultante du concours d'action des 2 paissances *T* & *S*, tireroit non seulement de *A* vers *B*, suivant la direction *AB*, Mais seroit encore à chacune de ces 2 puissan ces, comme la Diagonale *AB* à chacun des deux côtés *AF*, *AG*.

Par consequent, si le corps *A* n'avoit, aucune pesanteur, ce concours des ferces *T* & *F* imprimé à la fois, en *A*, le porteroit de *A* en *B*, suivant *AB* d'une furce *O* qui feroit a *T* & *S*, comme *AB* est aux côtés *AF*, *AG*.

Ce dont on convient.   XV. Si les puissances *T* & *S*, sont des poids librement suspendus a des cordes repliées;

On

On doit convenir, que quand ce poids *A* est au poids *T*, comme *AB* est a *AF*, & que ce même poids *A* en au poids *S*, comme *AB* est à *AG*, il y aura équilibre, & quand cela a lieu, le poids *T* est au poids *S*, comme *FA* est a *GA*; L'experience le prouve.

2°. Pour determiner en Lignes, quelle proportion doit avoir le poids *A*, avec *T* & *S*; tirés *GB* parallele à *FA* & *FB* parallele a *GA*, pour acheuer le parallelograme.

Sa Diagonale *AB* & ses côtés marqueront les raports des poids *A. T, S.* C'est a dire, celuy qu'ils doivent avoir afin que l'Equilibre se fasse.

Si on trouve une *Mesure Commune* aux trois lignes AG, *AB*, *AF*; de la même maniere qn'elle sera contenuë, successivement dans ces trois *lignes* : De la même maniere aussi, la mesure commune de ces trois poids, se trouvera dans chacun de ces poids.

3°. Quand, on a la direction des lignes *TAS*. qui sont les deux portions de la corde repliéé, c'est a dire,

 lor-

lorſque l'angle *A*, qu'elles forment, eſt donné.

Quand, on a encore ſur ces lignes les parties *AF. AG*, qui ont entr'elles la même raiſon, que les poids, qui pendeut de *T* & de *S*, ont entr'eux.

Pour découvrir quel ſera le poids *A*, qui doit faire équilibre, & ſa raiſon aux deux autres, on peut ſuppoſer, que cette ligne qu'on cherche, & qui doit exprimer, par ſa longueur, cette raiſon, eſt préciſement la même qu'on trouveroit, au cas que la puiſſance *T* tirant *A* lelong de *AF*, d'une force à la luy faire parcourir, dans un temps determiner, pendant que de ſon côté, l'autre puiſlance *S*. tirant le même *A* le long de *AG*, avec une force encore capable de la luy faire parcourir, dans le même temps; ces deux efforts réunis ſe reduiſoient a faire parcourir, dans ce même temps, au mobile *A*, la Diagonale *AB*. deſorte que rien ne ne pourroit l'empêcher de la parcourir en effet, qu'une reſiſtance qui fut à ces efforts réunis en *A* comme *AB* eſt elle même à *AF* † *AG*.　　Au

Au cas, disje, que de rels efforts se combinaſſent, comme on vient de le ſuppoſer, on verroit naitre un Equilibre, tel qne trois poids, dans cette ſituation, & dans cette proportion, ont accoutumé de produire.

XVI. Mais ſi de là on conclud, que l'equilibre des poids prouve par Experience la verité d'une ſuppoſition qu'on ne ſçauroit accorder, ſans convenir qu'elle ſera ſuivie d'un effet ſemblable, à celuy des poids; on pourroit conteſter la neceſſité de cette conſequence. On a fait, en Aſtronomie, des hypotheſes qui ont ſervi a rêgler des mouvements periodiques, & à prédire des retours: Mais cét uſage, qu'on en tiroit n'a pas été une preuve de leur verité. Les Anciens Mechaniciens, & les Anciens Opticiens ont ſuppoſé la nature du Mouvement, & de la Lumiere telle que l'Ecole d'alors les concevoit. Ils ont pourtaut donné des demonſtrations, dont les concluſions étoient veritables, & conformes a l'Expericun. Pourquoy? Parce que des cauſes Ueritables pro-

Cedont on peut douter.

dui-

duifoient réellement les effets quils attribuoient à des caufes Imaginaires.

Fig. 37.   On fuppofe qu'une force *L*, imprime fur le mobile *A* une vigueur qui feule ley feroit parcourir *AK*. & que la puiflance *M*, imprimant fur le même mobile *A* une force qui feule luy feroit parcourir *AF*, dans un temps determiné leurs efforts réunis aboutiffent à luy faire parcourir *AD* dans le même temps.

Or pofé cela pour principe, on applique ce Principé à l'Equilibre de 3 poids, qui font entr'eux comme *AK AD. AF*. De cette opplication, on remonte au Principe, & on en conclud la verité; Mais il faudroit premiérement, avoir prouvé la verité du principe, indépeudamment de cette application, & il faudroit de plus avoir prouvé que l'Equilibre des 3 poids, qui ont entr'eux ces raifons, ne peut être imputé à aucune autre caufe.

Fig. 36.   Puifque les trois poids *T*, *A*, *S* qui font entr'eux comme les lignes *AF AB AG* font entr'elles, font en équilibre; *Trois efforts qui leurs repondront,*

dront, l'un dont *AF*, la'utre dont *AB*,
l'autre dont *AG*, feront les quantités,
ces trois efforts feront auffi en équi
libre.

On peut douter de cette confequen
& puorquoy? parceque comme on le
val voir, l'equilibre des trois poids
T, A, S. n'eft pas l'effet de leur feule pefanteur; Mais celuy de leur pe-
fenteur combinéé, avec la Difpofi-
tion que la Machine leur donne, à
des mouvemens, de certaine longueur & de certaine viteffe. Il faut
chercher la caufe de l'Equilibre des
Poids, & voir fi elle s'applique aux
puiffances *L* & *M.*

XVII. C'eft une neceffité que les
poids *T* & *S* tirent avec des forces
compoféés des degrés de leur pefanteur, & de ceux de leur viteffe, &
que de la refulteront les degrés de
leurs efforts contre le Poids *A*, qu'il
s'agit de faire monter.

Mais fi le poids *T*, au lieu d'agir
contre le poids *A*, fuivant toute l'e-
tenduë de fa viteffe *AF*, ne faifoit
effert contre luy, que fuivant une
viteffe *AP*, le refte fe confumant
contre le poids *S*, le mouvement du
poids *T*, feroit $AF \dagger AP$. De

De même le moment total du
poids S seroit $AG \dagger PB$. Or ces deux
momens ne seroient point égaux a
celuy du poids A; Car sa pesanteur
s'exprimant par AB, & la longueur
de son chemin par la même AB. il
s'en suivroit que $AB = AB \times AP$
$\dagger\ AB \times PB$, deux quantités qui sur-
passens $AF \times AP \dagger AG \times PB$.

A la verité si l'angle A, étoit
droit, & que par quelque disposition
de machine, on obtint que 3. Poids
qui seroient entr'eux comme les lignes AG, AB, AF, sont entr'elles,
fussent placés, en telle sorte que le
premier, & le troisième éussent de
vitesse, dans leur descente, l'un AG,
l'autre AF, pendant que le second
poids monteroit de la longueur AB,
il se feroit equilibre, parceque le
moment AB^2, seroit égal aux momens $AG^2 \dagger AF^2$.

Voicy un cas qui seroit semblable
a celuy là & qui peut éclaircir ce
sujet.

Que les puissances T & S, soient
deux ressorts arrestés sur une Table
horizontale & polie, & que le premier, en se débandant, ait la force
de

de faire parcourir à un Poids, dont *FA* foit la mefure, la longueur *AF*. Que le fecond puiffe faire parcourir, dans le même temps, la longueur *AG* a un autre poids, dont *AG* foit auffi la mefure.

Fig. 38.

Qu'un troifiéme reffort pouffant de *A* en *X*, foit capable de faire parcourir $AX = AB$, à un mobile dont *AB* mefurera le poids, il fe fera équilibre.

Et fi le poids dont *AB*, eft la mefure, & marque la raifon aux deux autres, fe trouvoit libre en *A*, c'eft à dire, fi aucune caufe ne le pouffoit vers *X*, fi, disje, il etoit libre, & en état de fuivre parfaitement l'impreffion des deux refforts *T* & *S*; Ces deux refforts luy feroient parcourir *AB*, dans le temps que chacun d'eux auroit fait parcourir a fon poids, l'un *AF*, l'autre *AG*; Car $wB^2 = AG^2 + AF^2$.

Mais de là on ne fçauroit conclurre, qu'un Mobile égal à *A*, & pouffant *A* d'une force capable du luy faire parcourir *AF*, dans une minute, pendant qu'un autre mobile, encore égal a luy, le pouffe d'uue force capable deluy faire parcourir AG, dans le même temps d'une minute; On ne sçauroit disje, conclure, que les chocs de ces deux mobiles, feront parcourir au corps A, dans une minute, la ligne AB, diagonale du rectangle dont AB & AG font les cotés. Ce cas eſt ſi different du précedent, que ſi l'un arrive, lautre ne peut pas avoir lieu.

Dans le précedent la quantité du mouvement de A etoit $AB^2 = AF^2 + AG^2$. Mais dans celui cy où les Mobiles font égaux, les quantités de mouvement font d'un coté $AF + AG$, & de l'autre AB, plus petite que $AF + AG$.

Si l'on dit que les deux impreſſions AH, AK, ſe detruiſent l'une lautre, & qu'il ne reſte pour pouſſer le mobile A du côté de B, que AP, & $AQ = AP + PB$; On retombe dans un des inconveniens qu'on à déja allegués.

Et dans le cas où AF, & AG font les meſures des poids T & S. & AB, la meſure du poids A. le moment du poids A, feroit AB^2, & ceux de T & S feroient $AF + AQ$, & $AG + AP$

AP ou $AF \times AQ = PB$ & $AG \times AP$. & ces deux momens seroient moindres que AB^2.

XVIII. On peut expliquer l'Equilibre du cas qu'on éxamine, par des raisons directement, & uniquement tirées de la nature du mouvement en general, & en particulier de celuy de pesanteur.

1°. Quand on compare deux mobiles, pour determiner leurs *Momens relatifs*, ou leurs *Forces reciproques*, il faut comparer leurs vitesses & leurs masses, & preudre, pour leurs forces, les prodiuts de l'une par l'autre.

2°. En eux mêmes, & le reste étant égal, il ne sepeut que 3 poids inégaux soient en equilibre ; Mais ils le deviennent quand leurs vitesses se trouvent reciproques à leurs Pesanteurs.

3°. Plusieurs Masses inégales en poids, sont determinées à commencer, chacune son mouvement, avec la même vitesse, & elles le commenceront ainsi, si elles sont libres. Il n'y à que la situation qu'on leur donne, dans une machine qui rende

les

vitesses de leurs mouvemens inégales.

4°. Puisque les poids donnés, T.
A. S, ne conseruent leur équilibre
que quand les lignes *AF*, *AG*, font
un certain angle ; & que cét équilibre seperd, des que cét angle change, il ne faut faire attention, qu'a
la nitesse de descente , que leur situation présente leur permet d'avoir,
au commencement de leur chute, &
dans un temps infiniment petit.

5°. Pendant un temps infiniment
petit , le poids *A* descendant, suivant la direction *BA* commenceroit
àdécrire par rapport au poids *T*, u-
ne infiniment petite portion de Tan-
gent de cerele , dont *FP* Seroit le
rayon ; & par rapport a *S*; *A* décriroit une infiniment petite portion de
Tangente dont *GQ* seroit le rayon.

Ce seroit la vitesse respectine du
poids *A*. au commencement de sa
chûte.

6°. Quand au poids *T*, il est determiné par sa propre pesanteur , a
commencer de descendre, aussi vite
que *A*, Mais voyons ce que sa situation, dans la machine, y apporte
de changement.   II

Il ne dent defcendre qu'antant que la corde *AF*, avancera de *A*, vers *F*, ou autant qu'avancera un point quelconque de cetre corde.

Que du poient *P*, on abaiffe la perpendiculaire *Pv*, L'infiniment petit progrês de *v*, ou fon mouvement naiffant, fera la Tangente d'un infiniment petit arc, dont *Pv*. fera le rayon.

7°. La viteffe de la defcente du poids *S*, s'exprimera de même, par une Tangente dont *QY* fera le rayou & la defcente de *A*, par rapport a *S*, par une tangente dont *GQ* fera le rayon, comme on vient de le dire.

En effet, *A* defcend, comme en faifant tourner le Levier *FP*. *T* defcend & fars monter *A*, comme en faifant tourner le Levier *Pv*.

Or dans le Triangle Rectangle *FPA*, à caufe de la perpendiculaire *Pv*. *FP*. *Pv* :: *FA*. *PA*.

FA & *PA* marquent donc les rapports des viteffes des defcentes de *A* & de *T*.

De même *GA*, & *QA*, marquent les rapports des defcentes de *A* & de *S*.

II

Il est facile de prouver que $AP +$
$AQ = AB$.

Donc AB morque les vitesse de
T & S par rapport à A, lorsque
$FA + AG$, marquent la vitesse de A,
par rapport a T & S.

Donc si les Masses T & S s'expriment par $FA + AG$ la quantité de leur
mouvement, ou leur *Moment* & leur
Force sera $FA \times AP + AG \times AQ$.

Dans la Masse A exprimée par
AB, il y a deux parties dont l'une,
antagoniste à T, s'exprimera par AP,
& l'autre antagoniste a S, s'exprimere par AI. On aura pour le Moment de l'une $AP \times AF$, & pour le
moment de lautre $AQ \times AG$.

Ne sont ce point là les veritables
causes de l'Equilibre des trois poids
dans les circonstances qu'on vient de
supposer.

XIX. On peut aussi se representer les cordes AZ, AD, AC, sur
une Table horizontaie, sur les bords
de laquelle il y à des Poulies par
dessus lesquelles ces cordes se replient & soutiennent, dés là des
poids qui sont entr'eux comme AF,
AB, AG. on trouvera que leur E-
qui-

quilibre est fondé sur les mêmes causes.

La demonstratiou du P Pardies
revient a la mienne.   Mais elle n'est
pas si simple.

La cause de l'Equilibre des poids
ne peut plus s'appliquer, aux impulsions $L. M,$ de la Fig. 37. sur lesquelles roule la Question des chocs
obliques & de leur Quantité.

Sil y avoit en A un petit cylindre
tres poly au-tour du quel la corde
$M A N$ fut repliée pour soutenir, a-
pres avoir passé sur les Poulies M &
N, les deux poids T & S.

Il est visible que les vitesses re-
spectives de ces deux poids seroient
entre elles comme Pv & Py, Rayons
des Tangentes commencéés en v &
en y.

Or si ou tire PF parallele à $A N$ &
PG parallele a MA, ou aura les triangles semblables vPF P y G.

Donc PF PG :: $Pv. Py$.

Donc PF & PG, on leurs égales
AG AF. exprimeront le rapporr des
vitesses.

Si donc le poids T est au poids S,
comme FA, est a AG, $FA \times GA$,

mar-

Fig. 41.

marquera la force du poids *S*, d’ou
fuivra l’Equilibre.

Si le poids *C*, eſt au poids D,
comme *AB* à *BE* il y aura equilibre.

Pour rendre raiſon de cét equilibre, il n’eſt nullement neceſſaire,
d’imaginer en *C*, deux mouvemens,
l’un *AE*, qui ſe perd, & l’autre *EB*,
qui agit contre le poids *D*, car a-
lors le Momens de *C* ſeroit *C* x *EB*,
plus grand que le moment de *D* =
D x *EB*.

Mais *D* deſcend, ou monte à proportion que la corde *CB*, avance de
C en *B*, ſa montée ou ſa deſcente ſe
meſurent donc par *AB*. au lien que
quand le poids *C* parvient de *A* en
B, il ne monte que de la hauteur
EB, & comme pour regler l’Equilibre, on ne compare que les mouvemens de montéé, & deſcente ſimul-
tanées ſi le poids de *C* eſt *AB*,
pendant que le poids de *D* eſt *BE*,
le *Moment* de *C* ſera *AB* x *EB*. &
celuy de *D*, *EB* x *AB*.

Les poids multipliés par les longueurs des montéés, & des deſcen-
tes, auront des forces égales, ce qui
cauſe l’Equilibre.   Ce

Ce principe simple & universel, regne dans tous les cas, & la Methode qui en reud l'application plus évidente & plus sensible, a quelque droit de passer, pour la plus élegante, comme étant la plus Simple. Si on écrit une Mechanique ou y comparera cette Methode avec celle des multiples combinaisons.

XIX. La Theorie du jet des Bombes toute fondée sur l'hypothese, sur la quelle, on vient de proposer des doutes, ne fournit elle point des preuves d'experience, contre les quelles il n'y a rien a opposer?

De la Theorir de jet des subobes

Peut'estre qu'en examinant de prés cette Theorie, & les consequences qu'on en tire, il se trouvera que ces Principes & ces Consequences, s'accommodent également dês deux hypotheses, & ne sont liées à la verité d'aucune des deux, & ne la prouvent, ni ne la refutent.

Une Bombe employe autant de temps à descendre, qu'elle en avoit employé à monter.

Quoique la poudre l'ait chassée du Mortier, suivant la direction *AB*,

Fig. 43.

qui

qui paroit simple ; cette direction
taut simple, qu'on trouvera àpropos
de la supposer, ne laissera pas de
produire deux effets, l'un d'eleuer
la Bombe , l'autre de l'avancer ho-
rezon talement.

Si la portion de sa force en vertu
de la quelle, elle s'éleuc, ne peut
enfin plus resister à là pesanteur qui
se rend victorieuse, & qui force la
Bombe a descendre, cette cause qui
luy empesche de continuer a s'elever,
ne l'empesche pas de continuer son
progrés de *AC*, vers *DE*.

Toute maniere d'eftre, qui n'é
prouve pas un obstacle invincible à
perseverer, persevere. Le progrez
horizontal continuera donc , quand
la montéé sera finie, tout comme il
auroit continué, si deux caules di-
stinctes & separées avoient l'une travaillé uniquement a élever la Bombe
de la hauteur *AC*, & l'autre a l'a-
vançer de la longueur *AF*.

Si de ces deux forces il étoit re-
sulté que la Bombe parviendroit en
B ; D'un mouvement de descente
BF & d'un progrés horizontal, comme le précedent, il resulteroit aussi
que

que la Bombe tomberoit en *E*.

C'est un cas semblable a celuy du mobile sur un Rectangle, le quel Rectangle parcourt luy même la Table. F. 33.

Si ce qui se consume de la force de la poudre à éleuer la Bombe, ne l'eust éleuée, qu'a la hauteur *Ac* au cas que cette portion de force, eût agi seule, suivant cette direction, & que l'autre portion de la force, agissant aussi seule, n'eût fait avancer la Bombe que de la longueur *AF*, dans le même temps, Mais que ces deux forces réunies, luy cussent donné une quantité de mouvement suffisante, par la faire parvenir en *B*. une force de descente égale à la premiere; & une impulsion horizontale; égale a la seconde, porteroient la Bombe en *E* en telle sorte que la corde *BE* de la parabole descendante fut égale a la corde *AB* de la parabole ascendante.

Et puisque A c A f:: *AC. AF.* les cotés *AC. AF*, pouront toujours être regardés (dans cette seconde hypothese, de même que dans la pre-

miere)

miere) Commee les mesures du mouvement de montéé, & du mouvement horizontal Les rapports seront toujours aussi exactement marqués, & ce que l'on en conclura sur le chemin de la bombe se trouvera toujours exactement vrai, soit qu'on face le calcul sur Ac & Af, on sur AC & AF.

On appelle AB. a Bc. b AC. c.

Si AB est parcouruë d'un mouvement uniforme par une vitesse Va. Pour parcourir dans le même temps BC. (b) avec une Vitesse. Vx. Il s'agit de determiner la hauteur x, d'où un corps tombant auroit pour vitesse Vx, de même que celuy qui tomberoit de a, auroit pour Vitesse acquise Va.

On fait. a. b : : V a. Vx.

Donc $aVx = bVa$ & Vx $\dfrac{bVa}{a} =$

$$\dfrac{Vbba}{a} \ \& \ x = \dfrac{bba}{aa} = \dfrac{bb}{a}.$$

Il en est ainsi du reste des calculs.

J'ay donc par le moyen de ces proportions qui sont justes, les longueurs multipliéés de a & de b qui est ce que je cherche.

Quand

Quand même le mouvement qui decrit AC feroit le refultat de 2 autres, dont l'un ne decriroit qu'une partie de AB, & l'autre qu'une partie de $AL = BC$. pourvû que ces parties fuffant proportionnelles à AB & a BC. Je pourois toûjours exprimer ces parties par leurs longueurs proportionnelles AB & BC, & ma regle de proportion auroit le même fucces.

Fig. 44

Je raffemblerai encore en peu de mots, l'Etat de celle Queftion & le précis des difficultés qui l'ont fait décider differemment.

Le Mobile A eft pouffé fuivant la direction AB par une force, & par une autre fuivant la direction AP. & comme le premier de ces chocs luy feroit parcourir AB dans une minute, le fecond, luy feroit auffi parcourir AP, dans le même remps, s'ils êtoient feuls.

Si par la réunion de chocs LA, MA, en A il feperd une partie de leurs fôrces, pourquoy dira-t-on que dans une minute, le Mobile A avancera autant du côté de C qu'il auroit fait par le feul choc LA & autant du

côté

côté de *D*, qu'il auroit fait par le seul choc *mA*.

S'il ne se perd rien, & si la force de ces deux impressions se conserue toute entiere, pourquoy ne dire pas, Par l'un des chocs, il est determiné a s'eloigner de *A* de 3. mesures, par exemple; Par l'autre, il est determiné a s'eloigner de 4. Donc par les les deux ensemble, il s'eloignera de 7.

Et comme ce mouvement dont la quantité, est de 7 degrés, ne se fera, ni sur *AP* ni sur *AB*, il sefera sur une 3e. ligne inclinéé sur *AP*, plus que sur *AB* àproportion que la raison suivant *AP* est plus forte que la raison suivant *AB*.

Qu'on partage AF en deux parties, qui soient entr'elles comme *AP* est a *AB*, & qu'on appelle la premiere de ces parties *q*. le corps *n* se trouvera poussé par le corps *A* dans la direction *BF*, prolongéé d'un choc, dont la quantite seroit $A \times q$. Aprês le choc la vitesse commune seroit $\dfrac{A q}{A + n}$ &c.

Si on appelle la ligne *AP*. *q*. Dans L'hyl'hypothese commune, le corps n sera poussé par A avec une force dont la quantité sera Aq, & la vitesse commune àprês le choc sera $\frac{Aq}{A+n}$.

La même formule peut servir aux deux cas.

Si $A = n$. la vitesse aprês le choc sera $\frac{1q}{1+1} = \frac{q}{2} = \frac{AP}{2}$ dans cette hypothese.

Une boule. A, a fait le chemin BC, dans une minute, poussée par un seul *mobile* D, suivant la Direction BC. Sa quantité de mouvement ne se designera-t-elle pas, par $Bc \times A$. Cependanc si on luy fait choquer la boule F par un mouvement dont l'expression soit $Ec \times A$, & une autre boule G, par un mouvement dont l'expression soit $Ho \times A$, & que les mouvemens des boules F & G deviennent conformes a de tels chocs; Trouvera-t-on du rapport entre la cause qui n'est que $Ac \times A$, & les effets tels que les produiroit $Ec \times A$ $+ Ho \times A$.

Or dans le Systême des Causes Occasionnelles, tout comme dans ce-

luy

luy des caufes récelles, n'etoit'il pas de la fageffe de Dieu de mettre conftamment & exactement de la proportion entre les Effets & leurs caufes foit réelles, foit apparentes. Il femble dont que cette matiere a encore befoin de quelque attention.

Voici encore des chocs qui en meritent une particuliere.

Fig.46.　Si la boule *A* fe meut d'une viteffe à parcourir, dans une minute, *c m*, *c b* † *c d*. Il n'y à aucun doute felon une des hypothefes qu'elle ne pouffe fuivant la direction *c d*, l'obftacle qu'elle rencontrera d'une forre dont *c d* fera la mefure, j'en dis autant de la direction *c b*.

Selon l'autre hypothefe les efforts *c b* *c d*, feront tels que je viens de dire, quand même la viteffe de la boule *A* ne luy feroit parcourir dans une minute qu'une Diagonale *C o*, partie de *c m*.

Fig.46.　Les boules *B* & *C* font donc pouffées par la boule *A*, en telle forte que *C* = *A*, deura s'avancer après le choc avec une viteffe $\frac{c d}{2}$ & la boule

B avec la viteffe $\frac{c b}{2}$.

Il

Il restera donc à la boule *A*, la moitié de saviteße puisque elle n'aura donné a chacune des boules *B* & *C*, qu'elle heurte obliquement, que la moité d'une de ses moitiés.

Si 2 boules *B* & *c*, qui se meuvent suivanr les directions *cb ei*, rencontrent la boule *D*, elles la pousseront suivant la ½ des viteßes *eg ei*, d'on resultera en *D* une viteße, suivant la direction *DD* égale $\frac{eg + ei}{2} =$ *eg*, ou *ei*.

Dês là ce sera une neceßité que les boules *B* & *C* changent leurs directions *cb ei* pour prendre les directions *ep*.

Mais *B* ayant la force *ef* entiere, & la moitré de la force *eg*, n'aura qué les ¼ de la force de la viteße qu'elle avoit receuë de *A*. J'en dis autant de la boule *C*.

Ni L'une ni l'autre de ces boules n'avancera donc, comme elle auroit avancé, sans la rencontre de la boule *D*, & leur mouvement retardé, retardera, par conséquent celuy du mobile *A* qui fera sur ces boules une impreßion nouvelle, & elles derechef sur *D*.

Fig. 47.

P 5   Cet-

Cette conclusion oblige à repasser sur le reusonnement que je viens de faire

Fig. 47.   Dans le cas de la Fig. 47. au moment précis que *A* agit sur *B* & *C*, *B* & *C* agissent sur *D*. Il est donc tres simple & tres naturel de concevoir que le Mobile *A* agit sur le *B. C. D.* (sur les 3 parties des quelles il fait impression en même temps) d'une telle maniere que sur chacune des boules égales. *B. C. D.* passe le $\frac{1}{4}$ de sa vitesse ; De sorte que *A* & *D*, après le choc, s'avancent l'une & l'autre, sur la direction *D* avec le $\frac{1}{4}$ de la vitesse que *A* seule avoit avant le choc, les boules *B* & *C*, avancent chamme sur les axes & directions *ch. ei* avec une vitesse égale a celle. de *A* qui ayant gardé le $\frac{1}{2}$ de sa vitesse, se porte aussi de *c* en *b*, & de *c* en *d* avec la $\frac{1}{2}$ de la vitesse avec, la-quelle, elle s'y portoit avant que d'avoir rencontré aucun obstacle.

Dans la fig. 49. Que *B c D* represente un corps parfaitement solide, dont les parties *B c D.* soient liées au trois points de contact.

La

La boule solide *A* tombe sur cette masse, suivant la direction *en*.

Le partie *B* ne peut pas suivre la direction *bb* & la partie *C* la direction *di*; Si on foit *eg* parallele a *en*, & qu'on achene le rectangle *veyb*, le mouvement sur *en* se perdra, & il s'en perdra autant dans la boule *C*, ce qui montera a $2cv$.

L'Impression *xg* etant oblique sur la boule *D*, & cette boule recevant aussi de *C* un choc oblique, & contraire en un sens, à celuy de *B*, il se petdroit encore dans la boule *D*, la valeur de $2B\dagger c$.

Il seperdroit donc, par rapport a la Direction sur *en*, ou par rapport aux directions paralleles à *en*, tout autant de mouvement, que s'il etoit passé dans des mobiles égaux, chacun à une boule *A*, & qui cussent parcouru les longueurs $2en\dagger B\pi$.

Donc au lien que *A* auroit parcouru dans $1T$, une longueur, $eo = eq = \pi n$. Avec toute la quantite de mouvement, qui par le choc s'est distribué, sur plusieurs mobiles, égaux chacun à *A*, il separcourt, $eo \dagger \pi n \dagger 2eg \ (= 4eo) \dagger 2co \dagger 2\pi B \ (= 4eo.)$ *P 6*   Donc

Donc co. $4eo$ † $4eo$ :: 1 T.

$$\frac{4co \times 4eo}{co} \quad T.$$

Et la premiere Viteſſe du mobile A, eſt a ſa viteſſe aprês le choc, comme $4co \times 4eo$ T. 1 T.

Ce cas pourroit auroit lieu, lors que des quantités de mouvement dont $4co$ ſeroient les meſures, ſe conſumeroient en ployement & Tremouſſement de parties.

Si l'on veut que tout le mouvement ſe determine, ſuivant la directi- on ſur laqu'elle, il peut continuer ſaus qu'il s'en perde quoyque ce ſoit en efforts inutiles. On conceura que le mobile A frappe les boules B & C. ſuivant les directions ab & cd. Comme de leur côté B & C pouſ- ſent D. ſuivant les directions paralle- les a la direction $abhm$.

Fig. 51.

Les Directions ce, cd egalement eloignéés de la direction ab, par h centre de gravité des deux parties B & C pouſſent la maſſe Bc, comme ſi le choc tomboit immediatement ſur h; Par la même raiſon les impreſ- ſions efi, dgk agiſſent ſur D, com- me feroit l'impreſſion abh; qui paſ- ſeroit par ſon centre m.　La

La maſſe *ABCD*, aprês le choc, s'avancera donc ſuivant la direction *a b b m*, & ſes paralleles; & la viteſſe de chaqne partie *A B. C. D.* aprês le choc ſera à la viteſſe du mobile *A*, auant le choc. Comme 1 à 4.

On pourroit faire avec des boules a reſſort des experiences, des quelles, aprês les compenſations neceſ-ſaires, ⌐n tireroit des concluſions propres a répandre du jour ſur les effets, que les chocs doivent a-voir immediatament & par eux mê-mes.

Mais pour raiſonner ſur de tels cas & en tirer des conſequences il faut premierement avoir expliqué, la nature & les cauſes des chocs des Corps à Reſſort.

Si dans la ſuitte on écit ſur la *PESANTEUR* il ne ſera par difficile d'expliquer pluſieurs Phénomenes qui paroiſſent contraires à l'hypothe-ſe nouvelle, que l'on vient de pro-poſer.

Le Syſteme de M. Neuton ne la renverſe point. Il n'y qu'a ſuppo-ſer que deux cauſes agiſſent en mê-me temps & continuellement ſur un corps qui circule , l'une qui le porte suivant la direction de la Tangeurer de la courbe ; l'autre qui en même temps , & sans l'abandonner jamais , retire le mobile , ou le pousse vers un certain centre. De la Simultaneité de ces deux mouvemens distincts qui agissent sans cesse sur le Mobile , il resulte quil décrira précisément une Diagonale.

Depuis cét Ouvrage achevé on m'a proposé cette objection. Deux Mobiles d'une force égale se rencontrent à plomb par des directions précisément contraires. Qu'on appelle le mouvement de ce luy qui se porte vers l'Occident † *a*. Il faudra par consequent , desiquer le mouvement de son Antagoniste qui se porte vers l'orient. —— *a*.

Dès que ces deux Mobiles se seroient rencontrês ; Leurs mouvemens seroient

† *a*. —— *a* C'est à dire *Zero* Les voilà donc reciproquement détruits.

Je repons que ce sont là des Signer arbitraires , qu'il faut varier & combiner consequemment à la nature des choses. Supposé que de

tels

tels mouvemens de détruifent, on aura raifon de conclurre $\pm$ a $=$ o

Mais fi chaque mobile rebrouffe,
L'oriental qui étoit marqué par
† a, rebrouffant vers l'orient fe de-
fignera par — a ; & l'autre, qui
fe jettera du côté d'occident, fera
de figné par † *a*. Il y aura donc,
comme auparavaut † *a*. — *a*. d'autant plus que le figne — *a* appliqué
au mouvement qui tend vers l'orient,
dénote un objet auffi pofitif que le
figne † a.

La maniere dans on exprimera le
refultat & les fuittes du choc, ne fe
décidera par ces fignes ; Mais l'ufage
qu'on en fera doit fe regler par la
Queftion même, & par fa jufte
décifion.

F I N.

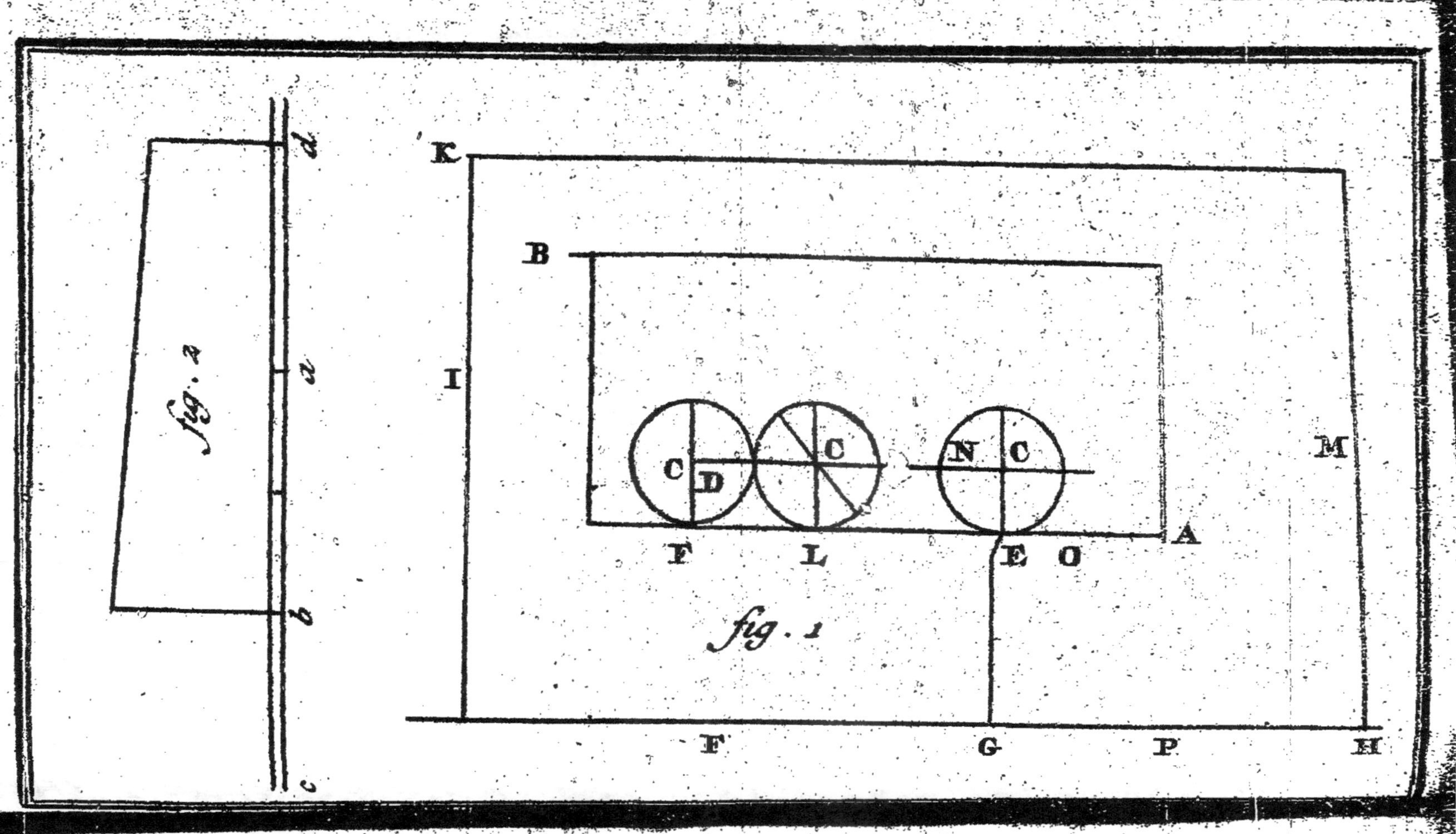

fig. 2
c
b
a
d
fig. 1
K
B
I
A
M
F
G
P
H
C
D
C
N
C
F
L
E
O

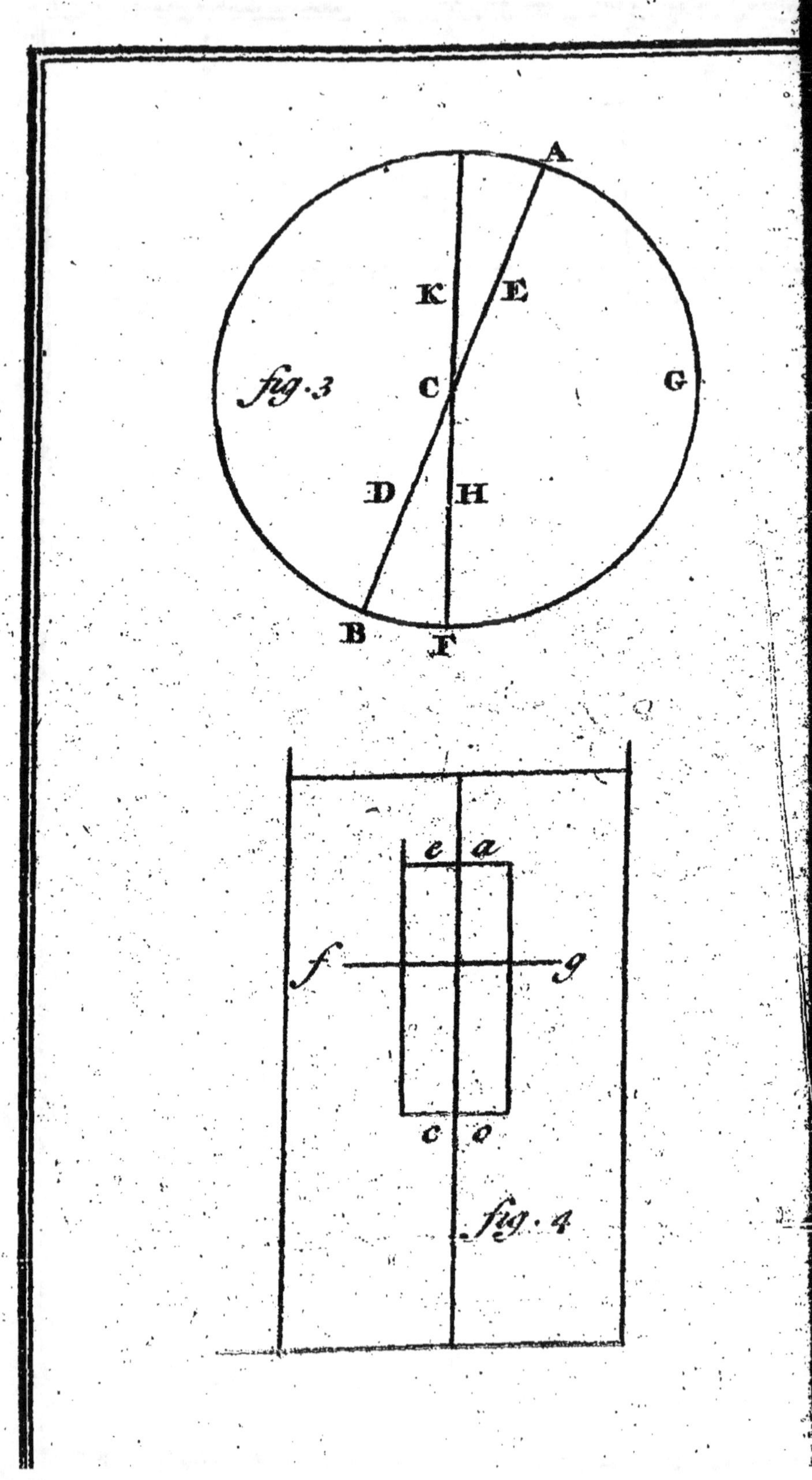

fig. 3
A
K
E
C
G
D
H
B
F
e
a
f
g
c
o
fig. 4

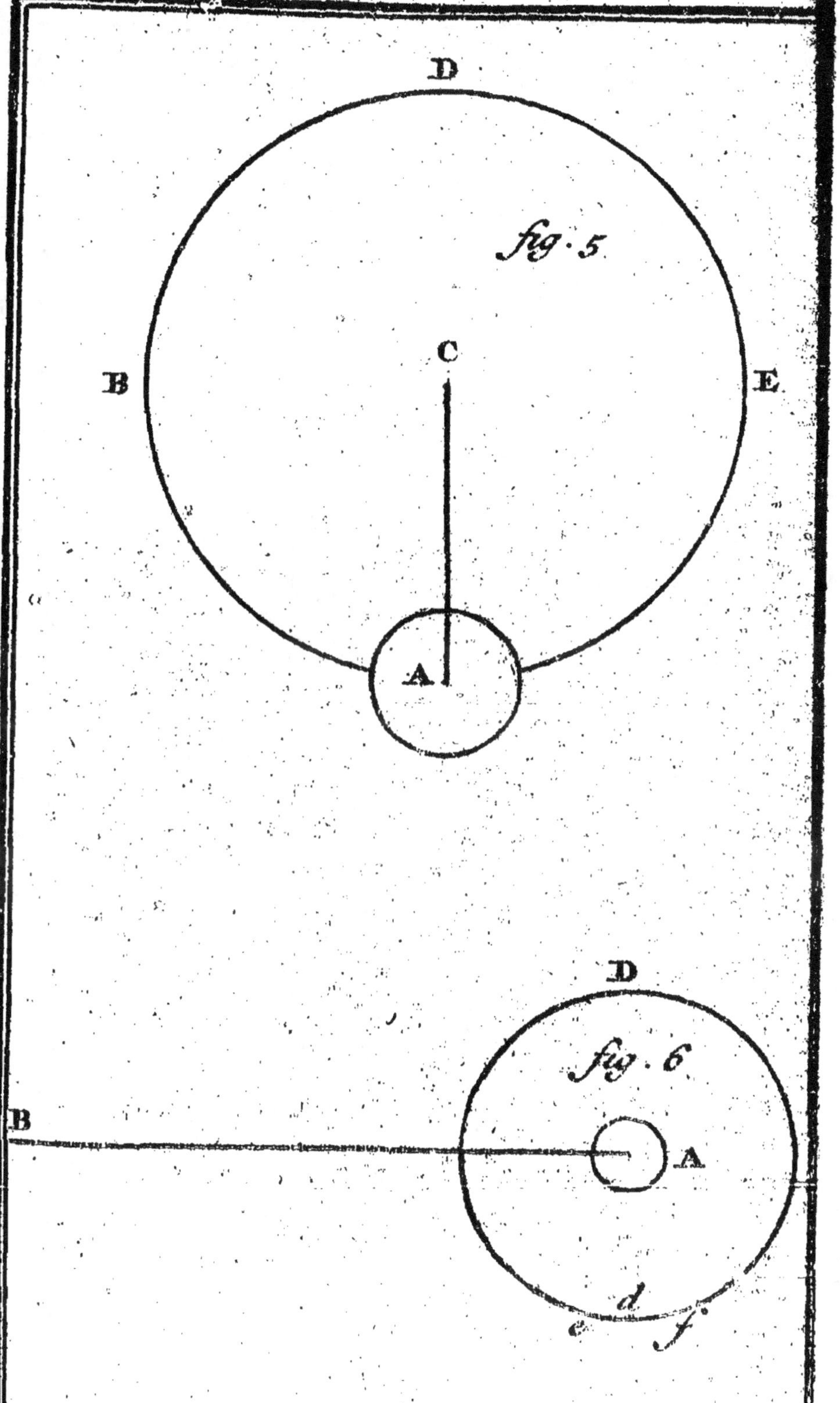

D
fig. 5
C
B
E
A
D
fig. 6
B
A
d
f.

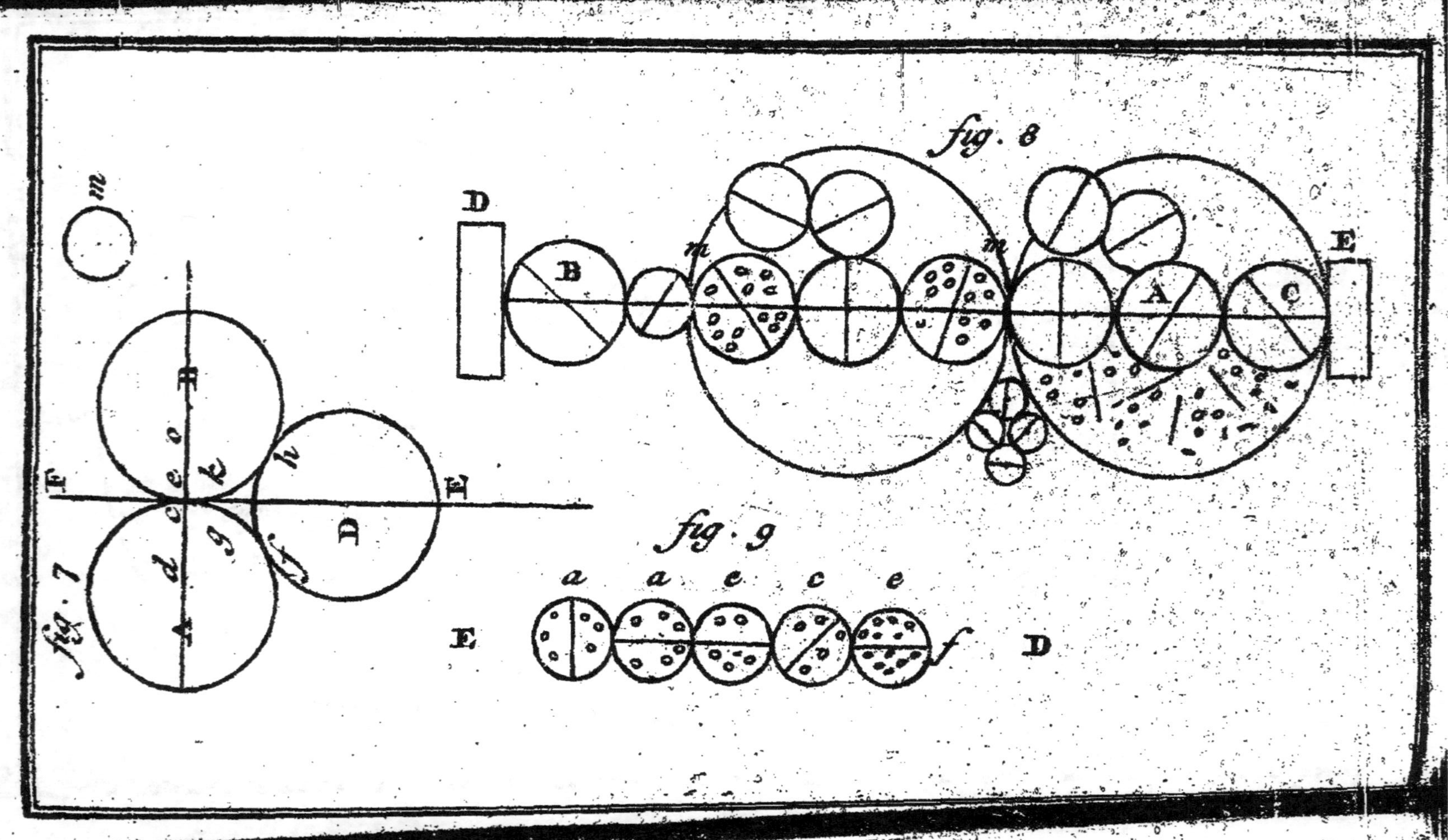

fig. 7
fig. 8
fig. 9
m
F
A d c e o B
g k
f h
D
E
D
B
m
m
A
C
E
a a e c e
E
f
D

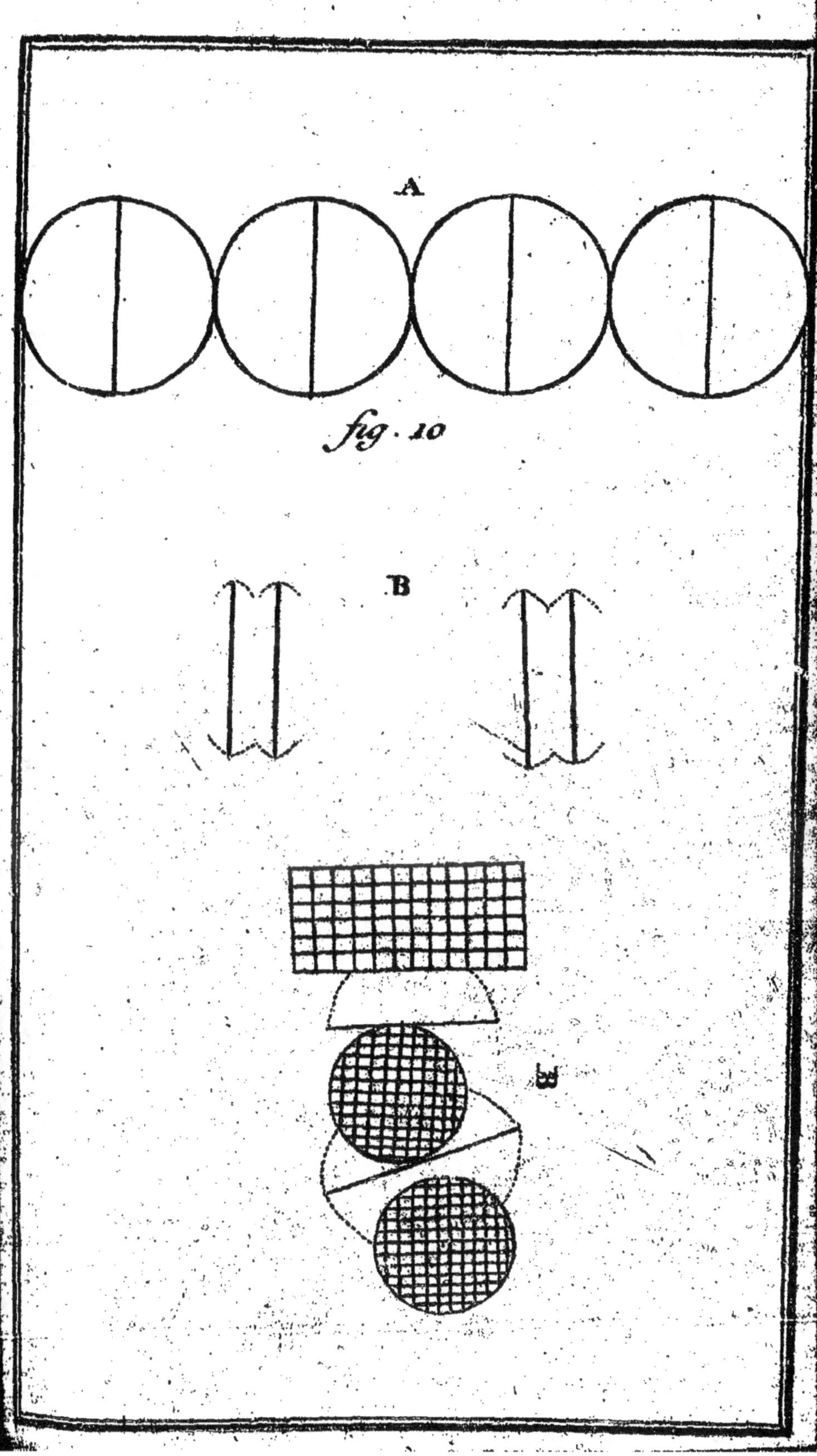

A
fig. 10
B
C

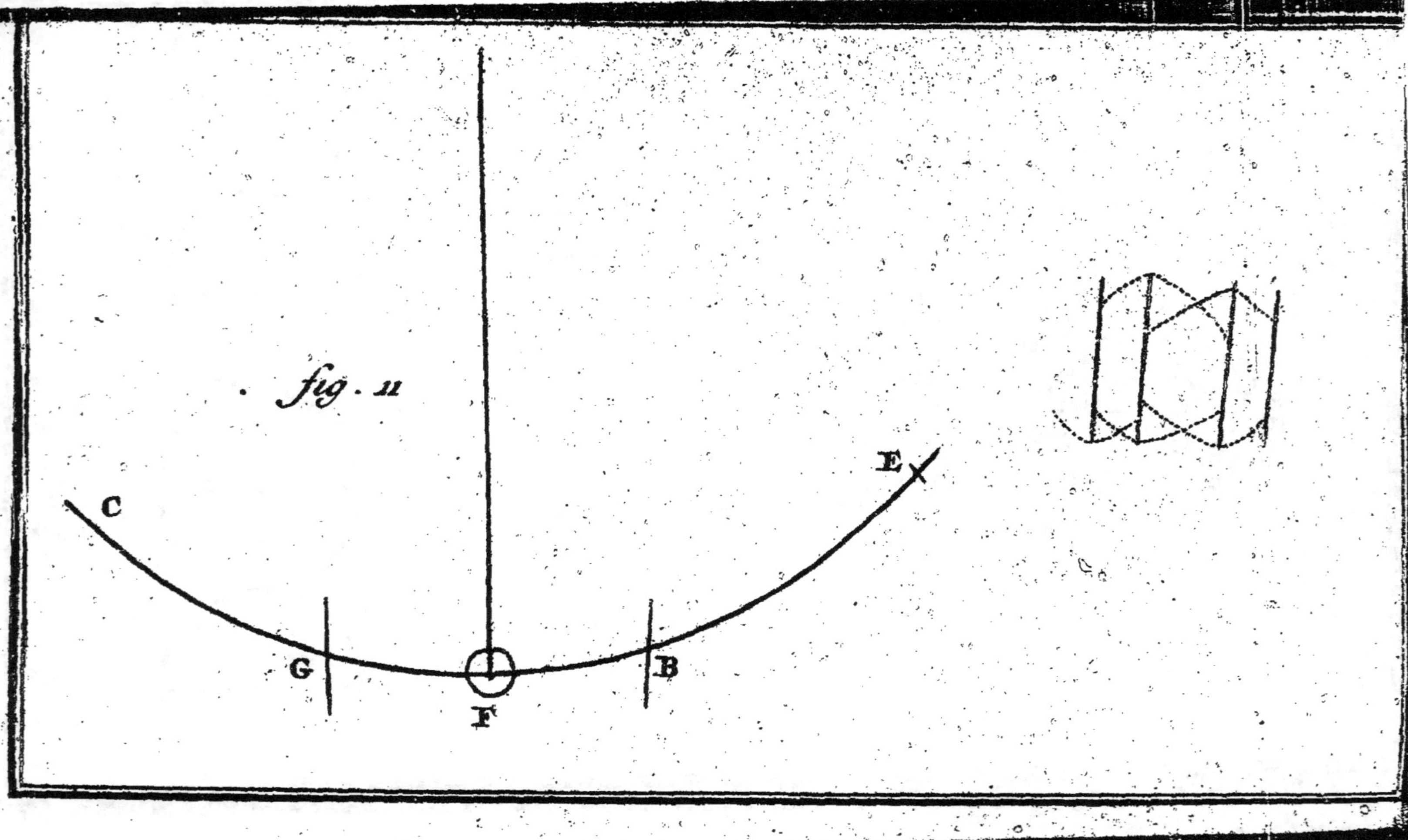
fig. 11
C
E
G
F
B

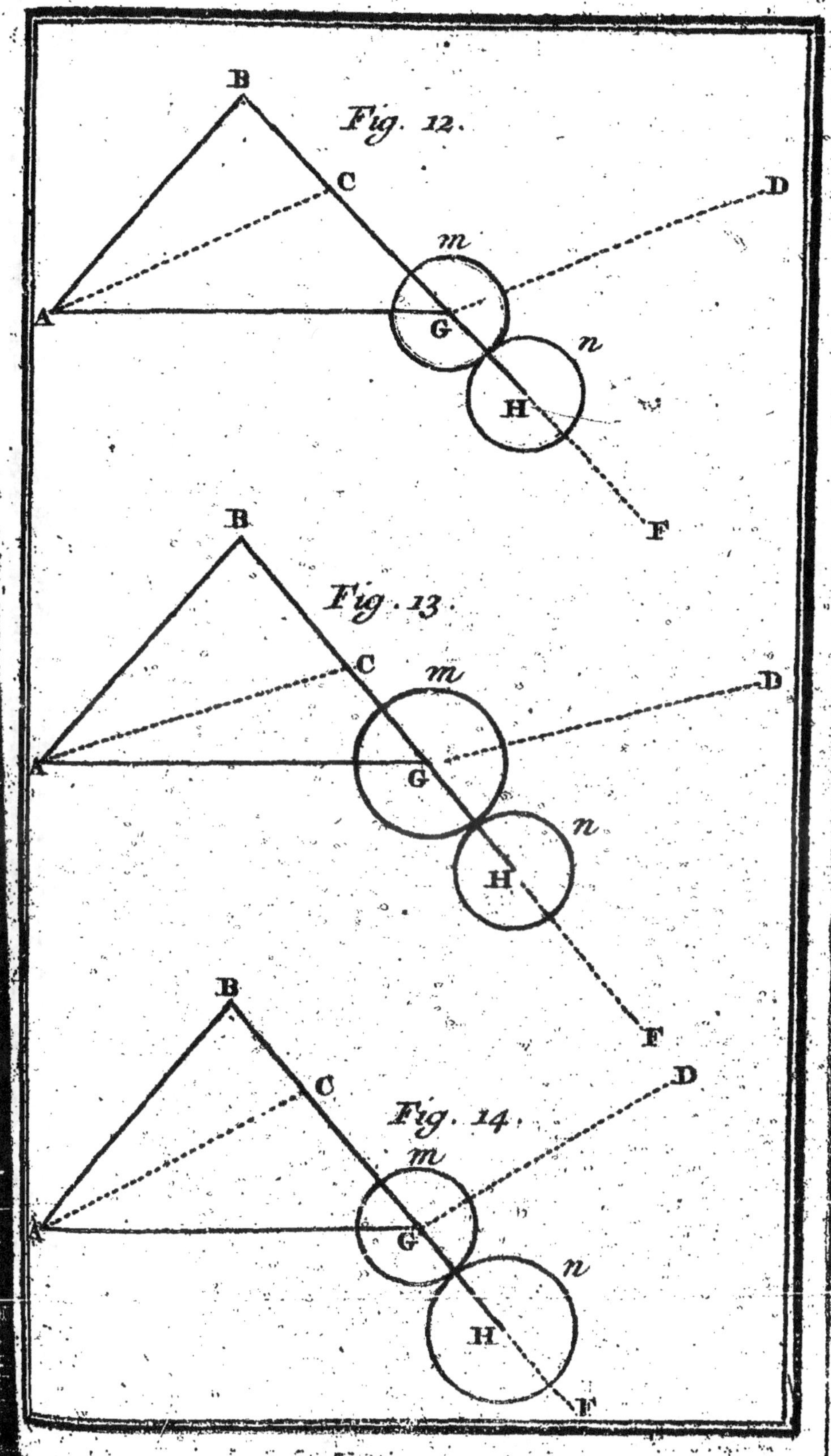

Fig. 12.
B
C
D
m
A
G
n
H
F
Fig. 13.
B
C
m
D
A
G
n
H
F
B
C
D
Fig. 14.
m
A
G
n
H
F

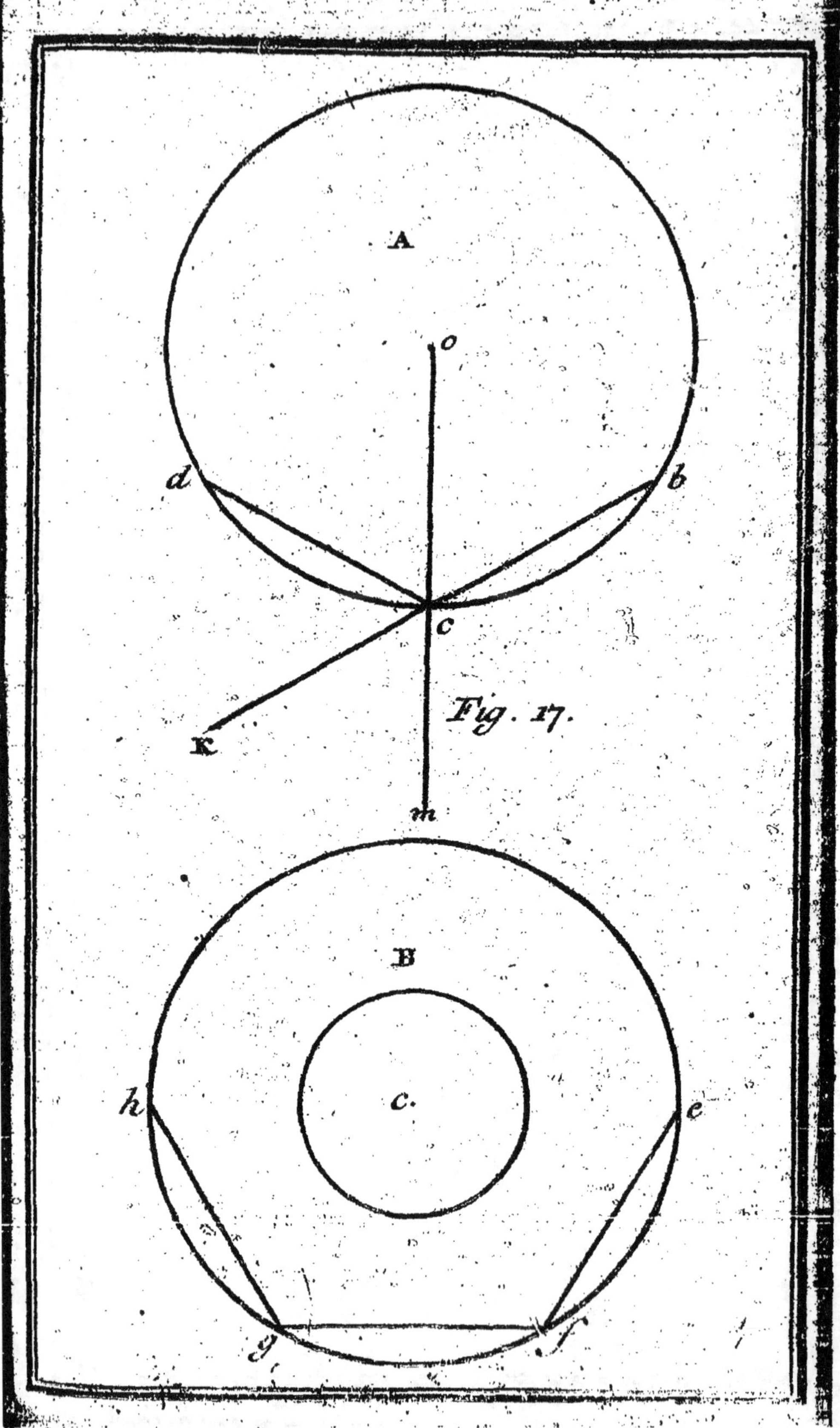

A
o
d
b
c
k
Fig. 17.
m
B
c.
h
e
g
f

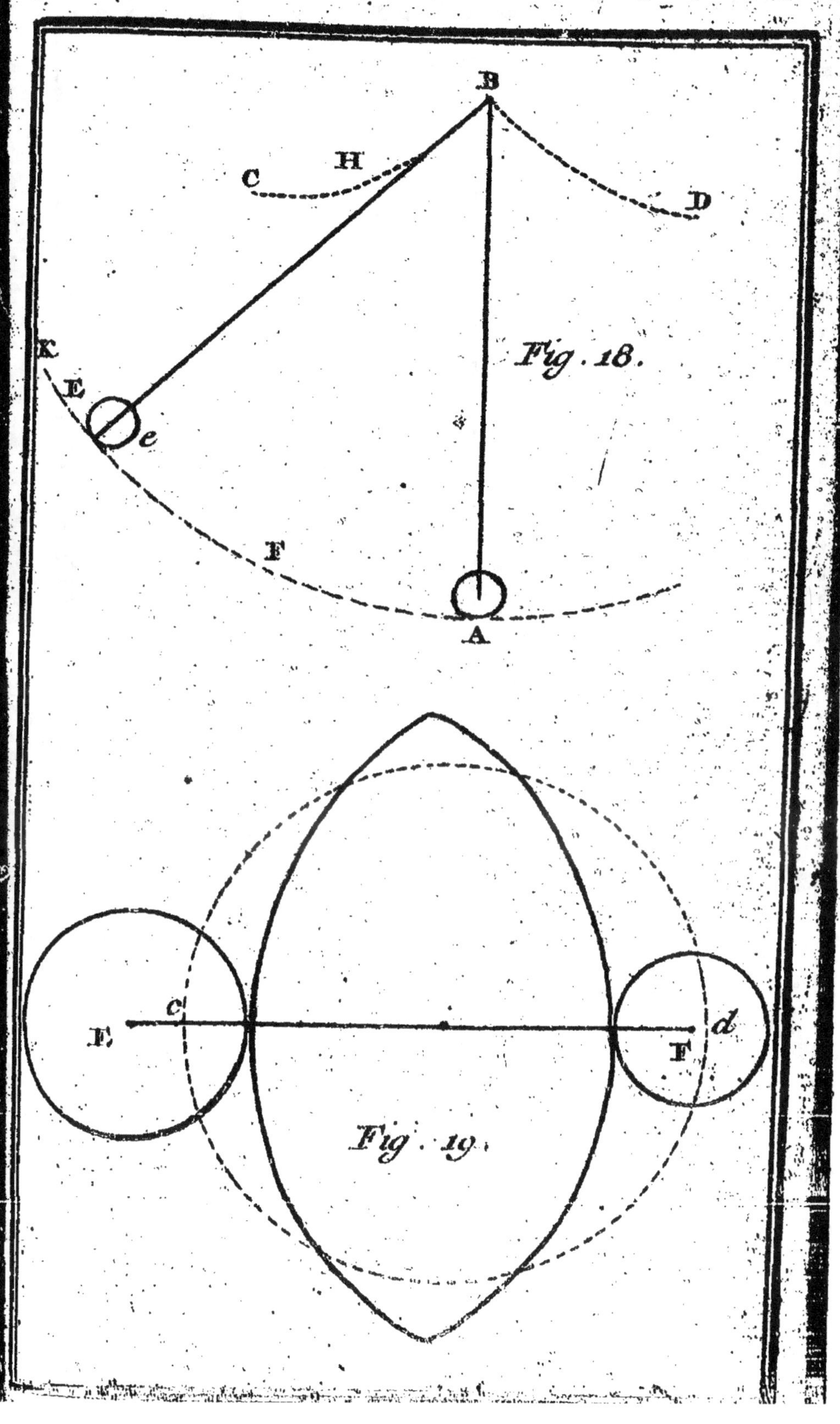
B
C
H
D
Fig. 18.
K
E
e
F
A
c
E
d
F
Fig. 19.

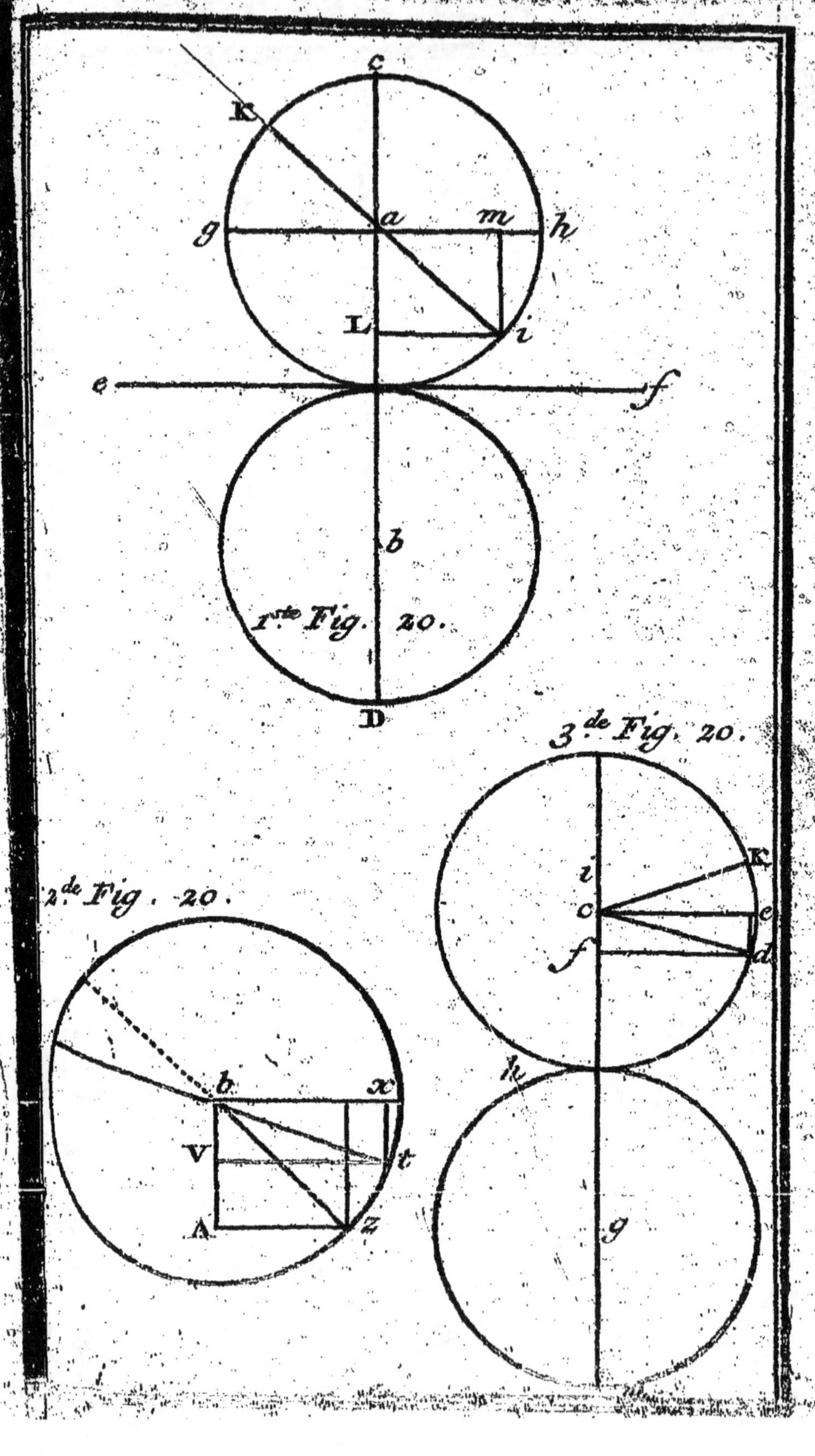

c
K
g a m h
L i
e f
b
1.te Fig. 20.
D
3.de Fig. 20.
i K
o e
f d
2.de Fig. 20.
b x
V t
A z
h
g

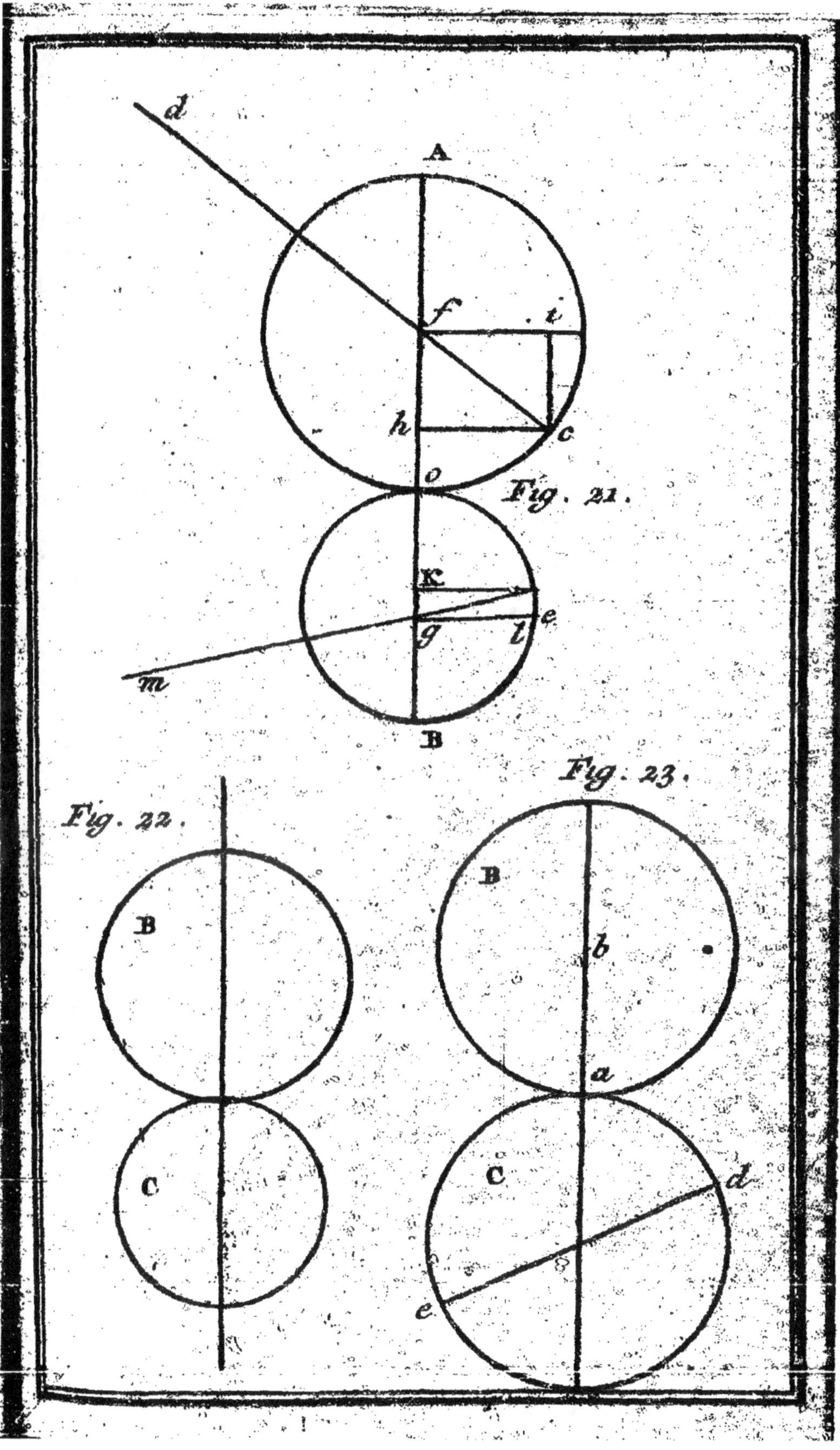

d
A
f
t
h
c
o
Fig. 21.
K
e
g
l
m
B
Fig. 22.
Fig. 23.
B
B
b
a
C
C
d
e

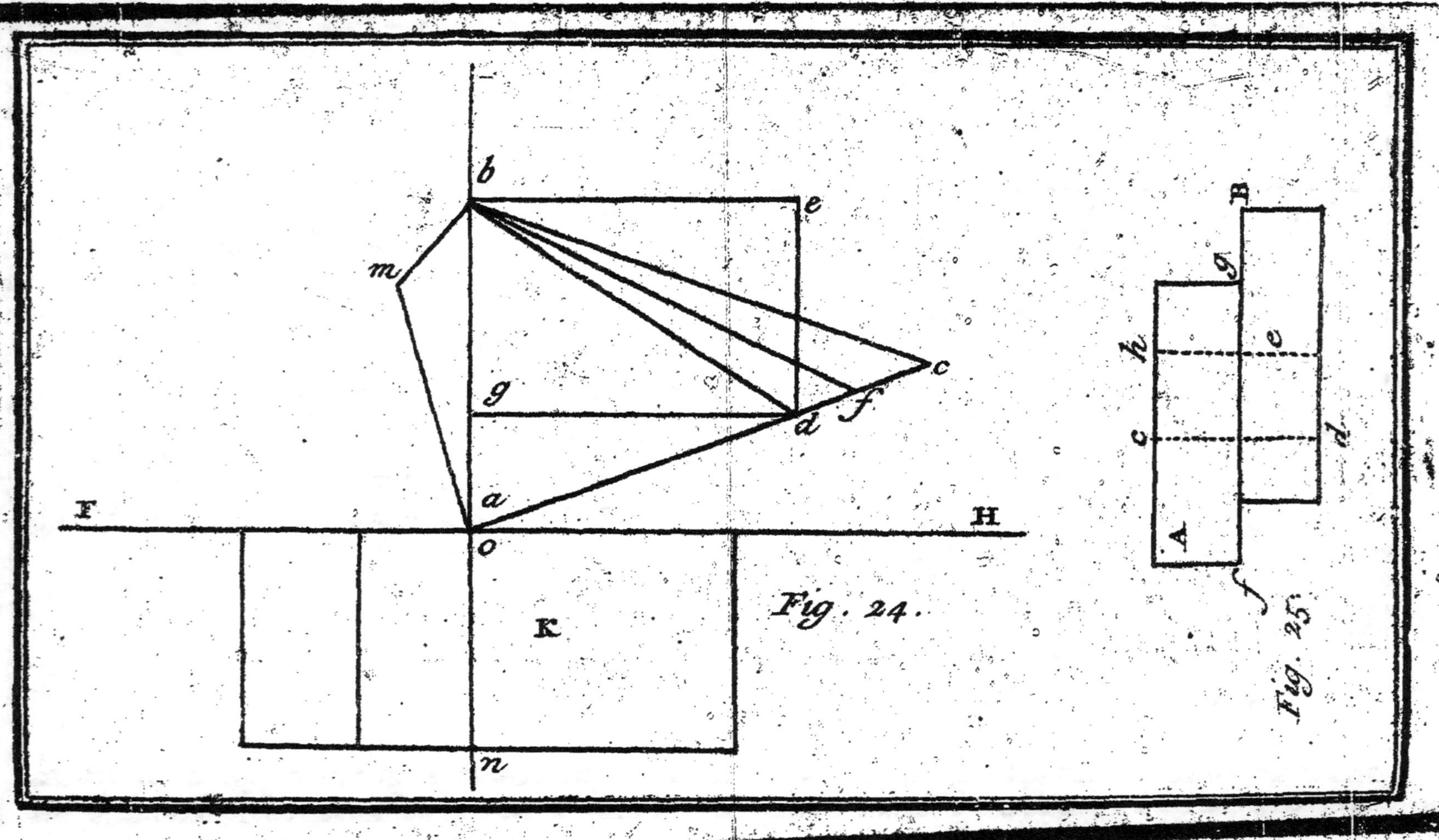

F
H
Fig. 24.
K
b
m
e
g
c
d
f
a
o
n
Fig. 25.
B
g
h
c
e
d
A
f

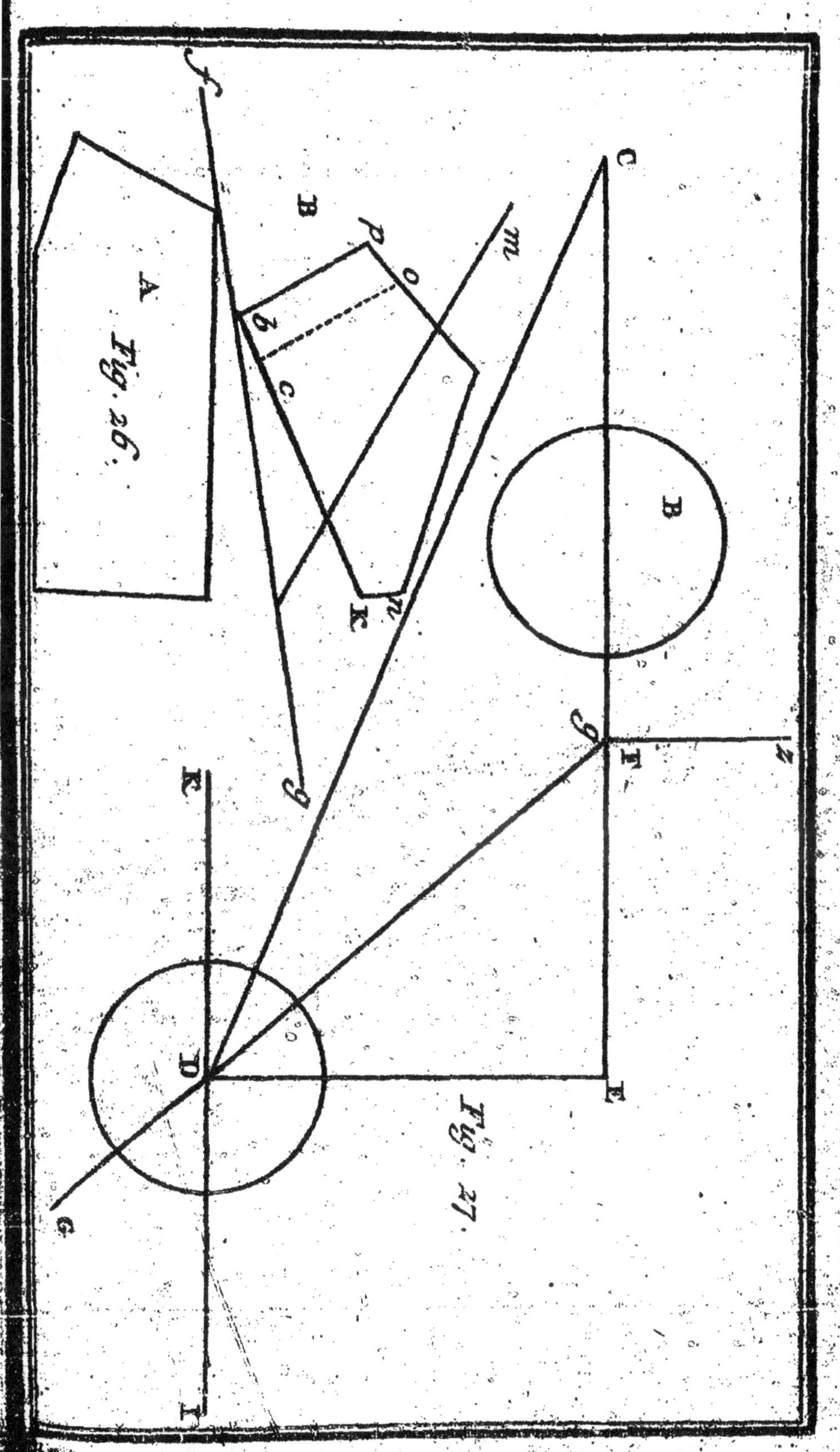

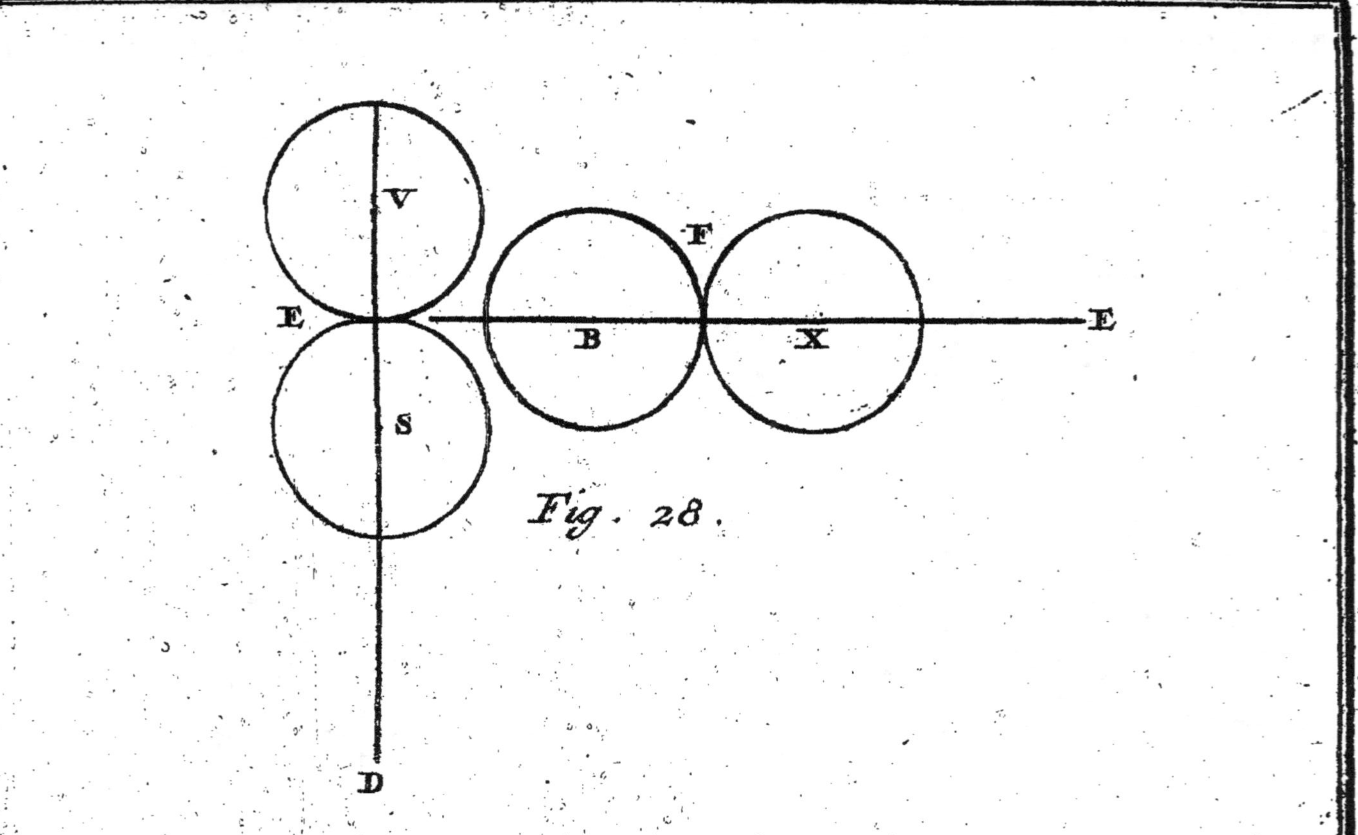

Fig. 28.

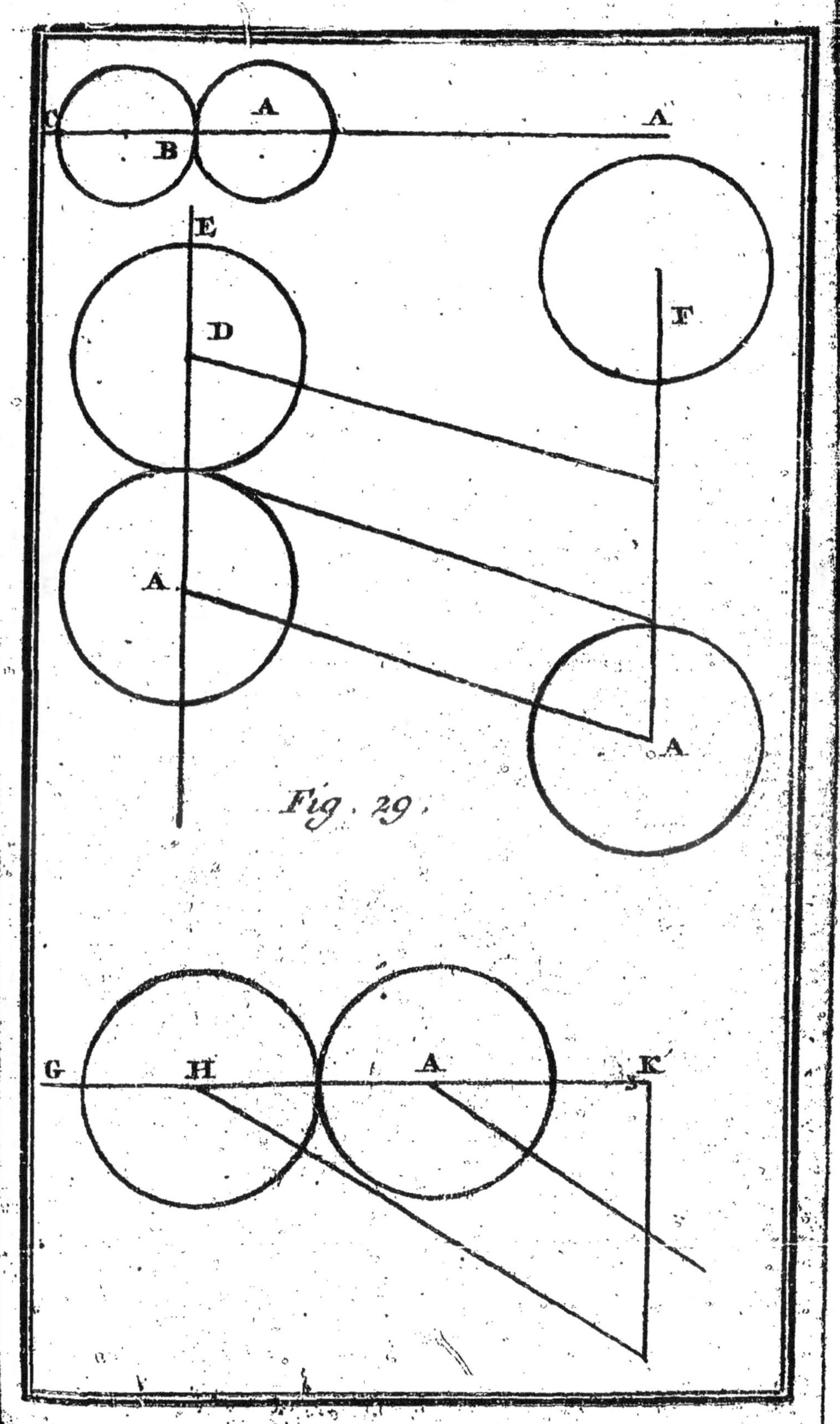

Fig. 29.

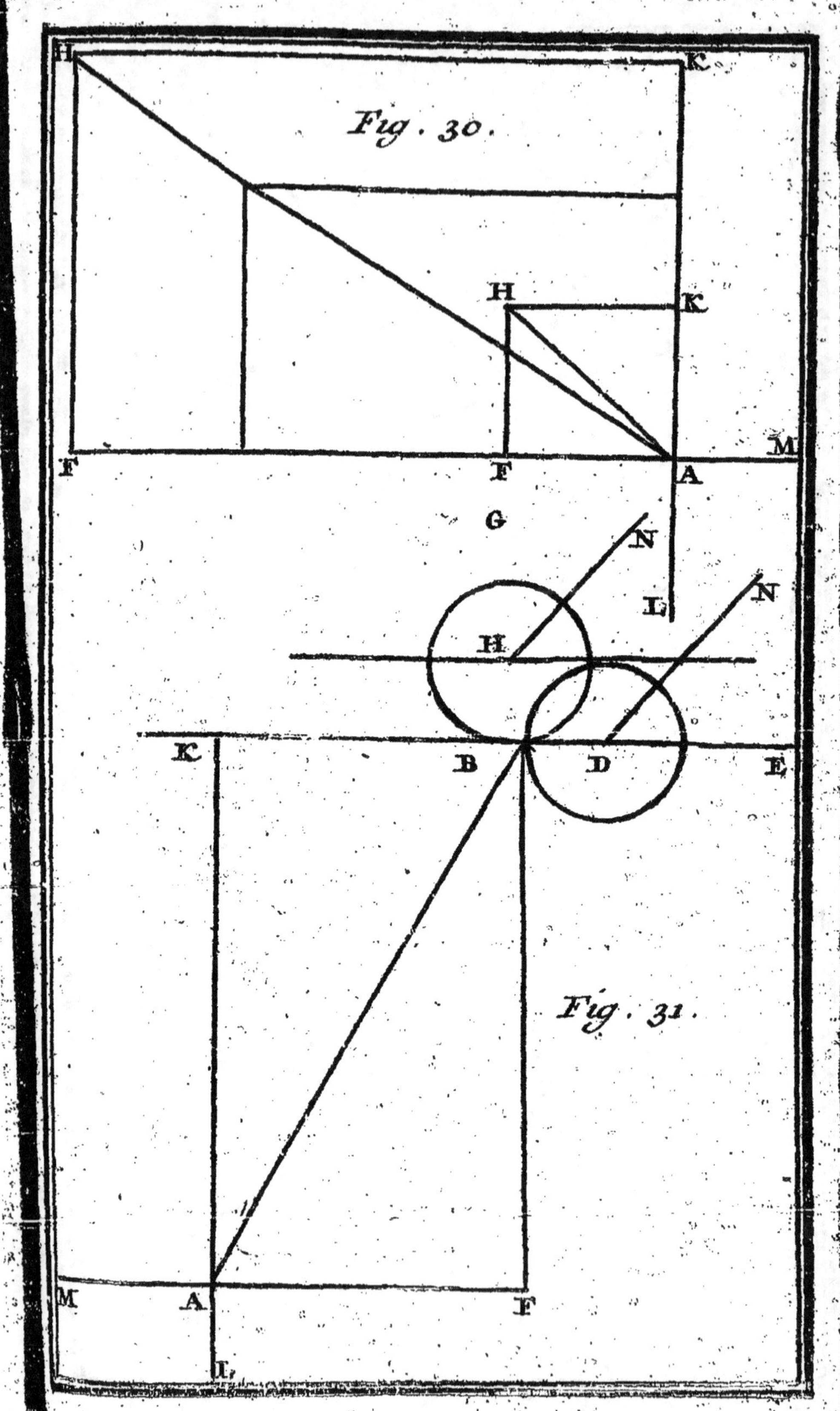

H
K
Fig. 30.
H
K
M
F
F
A
G
N
L
N
H
K
B
D
E
Fig. 31.
M
A
F

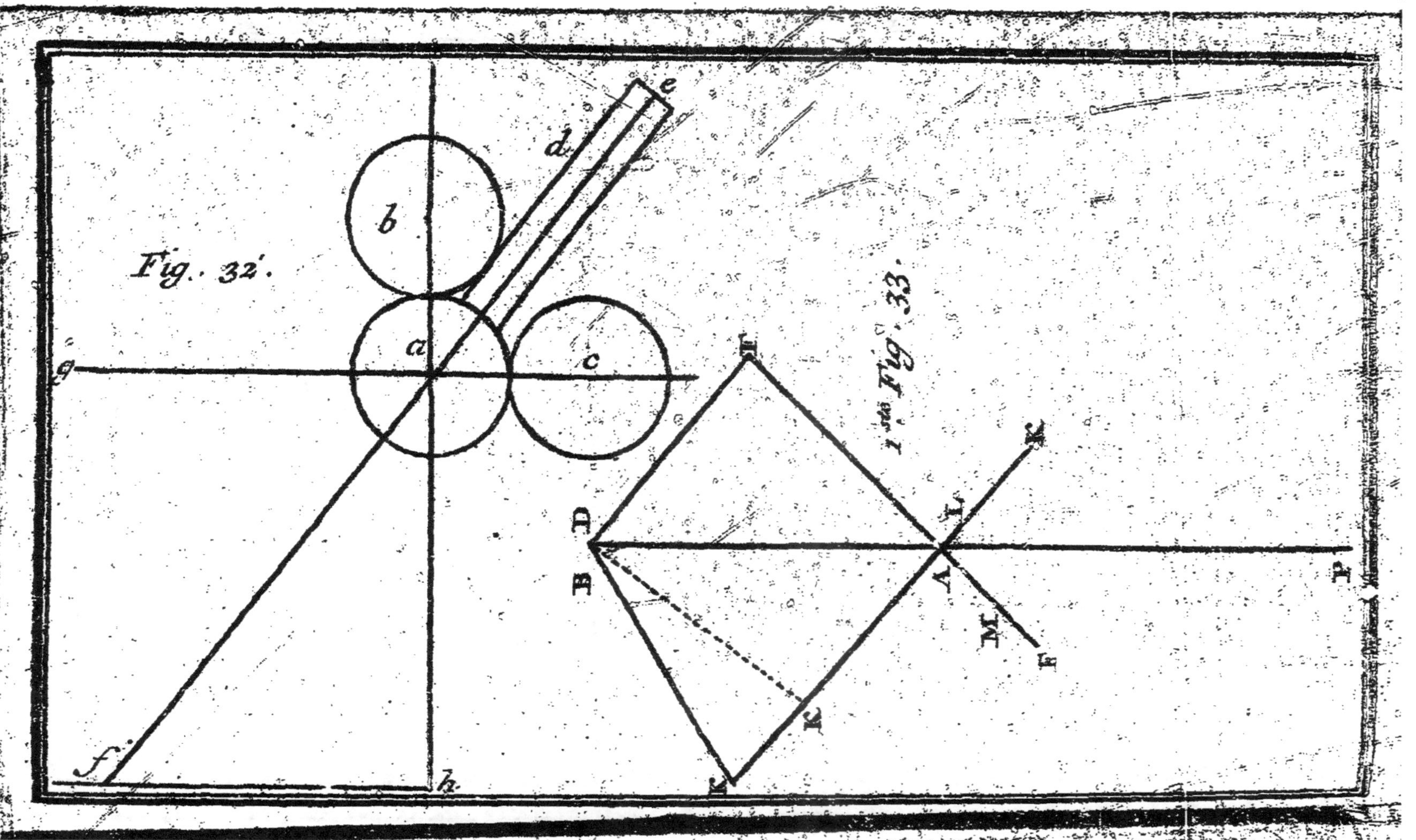

Fig. 32.
1.ère Fig. 33.

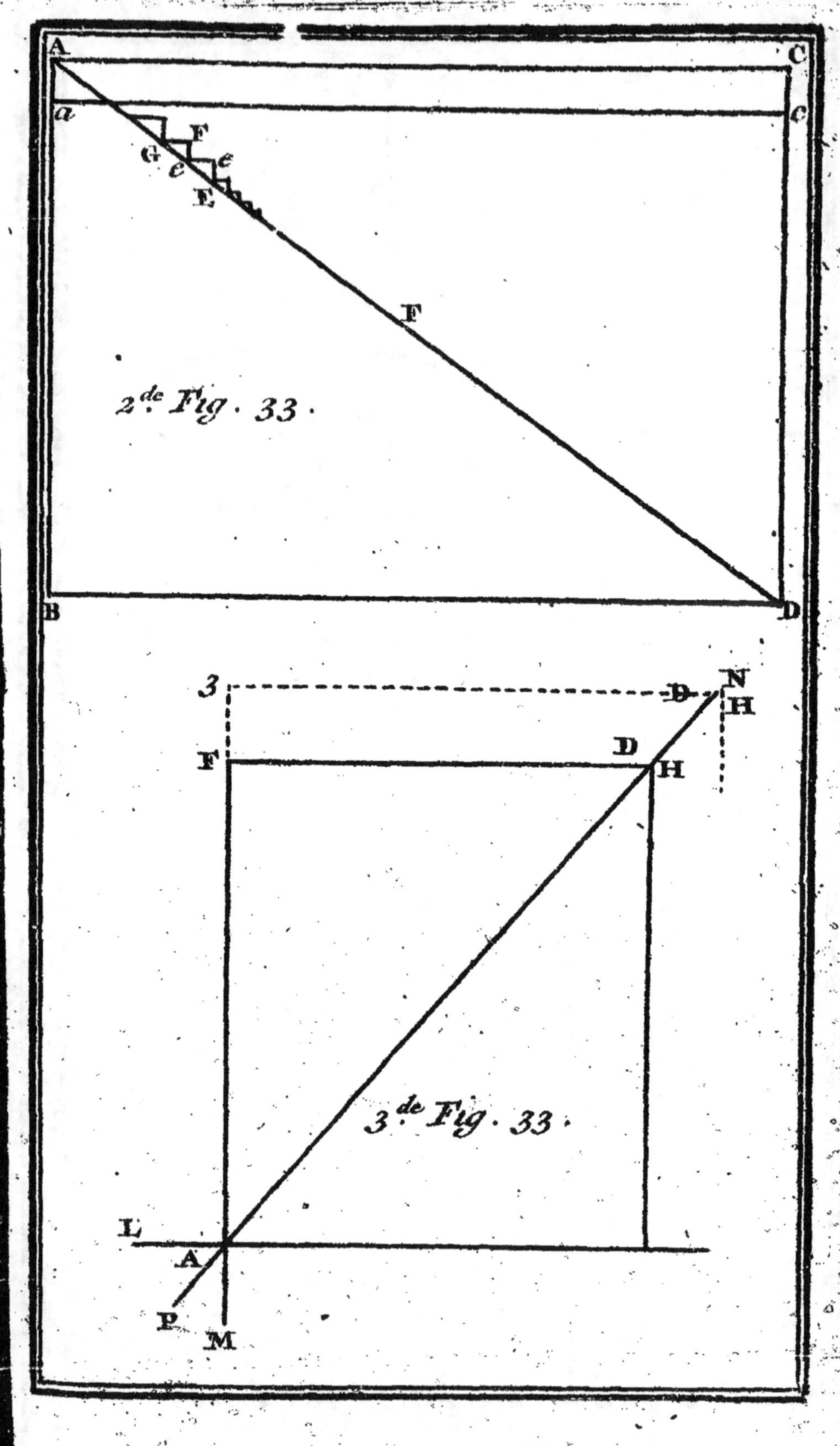

A
C
a
c
F
G
e
e
E
F
2.de Fig. 33.
B
D
3
D
N
F
D
H
H
L
A
P
M
3.de Fig. 33.

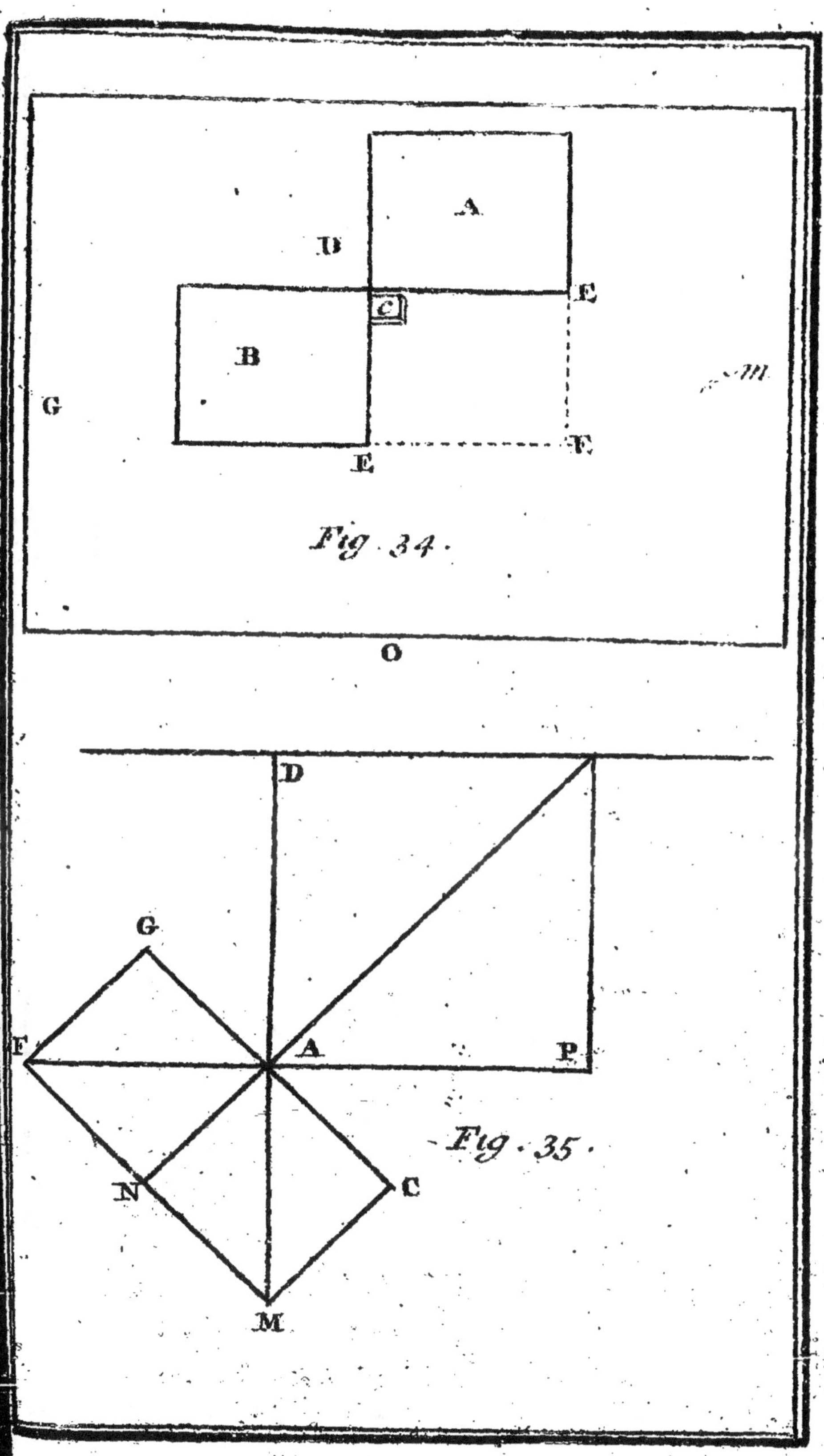

Fig. 34.

Fig. 35.

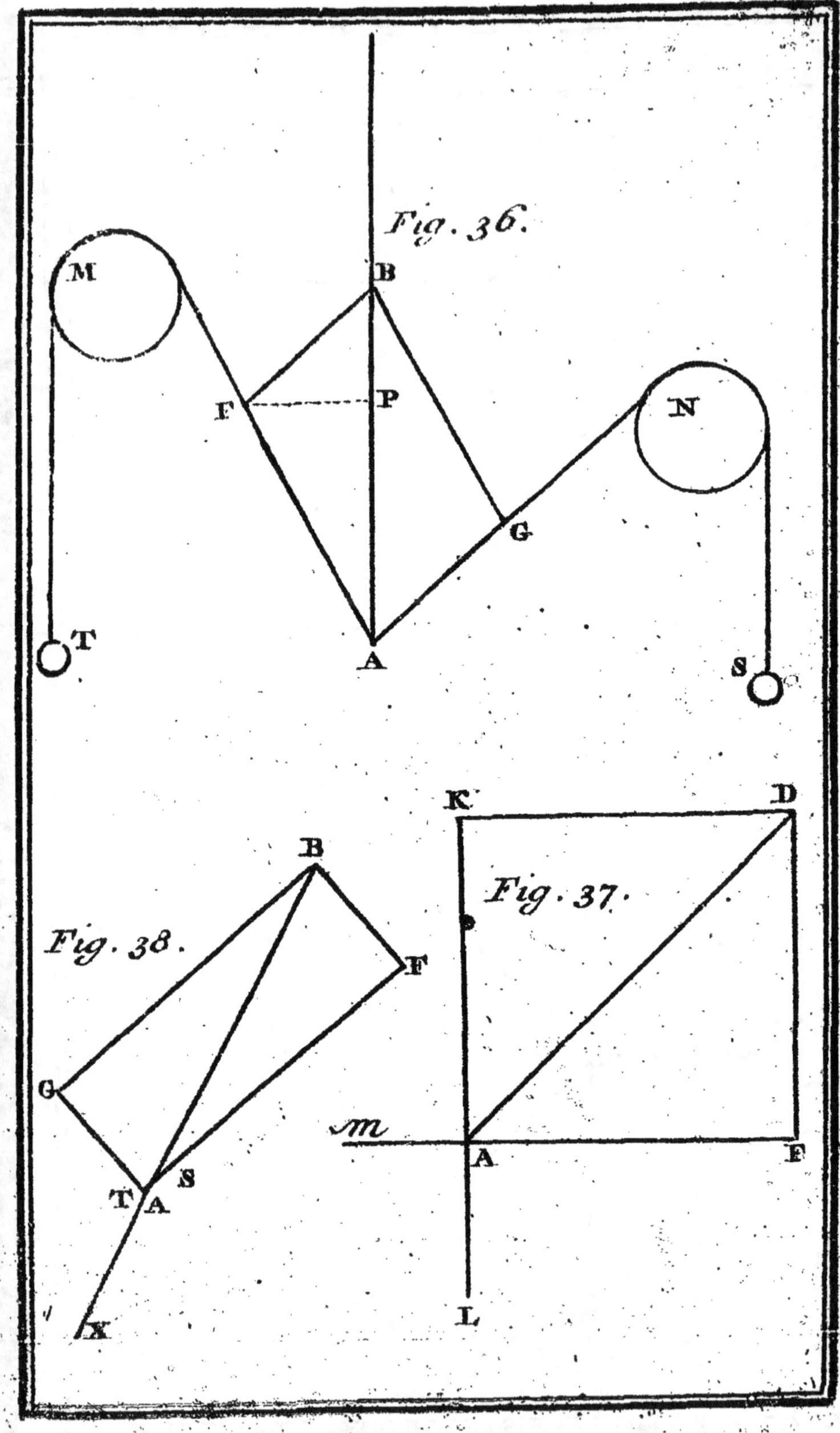

Fig. 36.
M
B
N
F
P
G
T
A
S
Fig. 38.
B
F
Fig. 37.
K
D
G
m
A
F
T
S
A
L
X

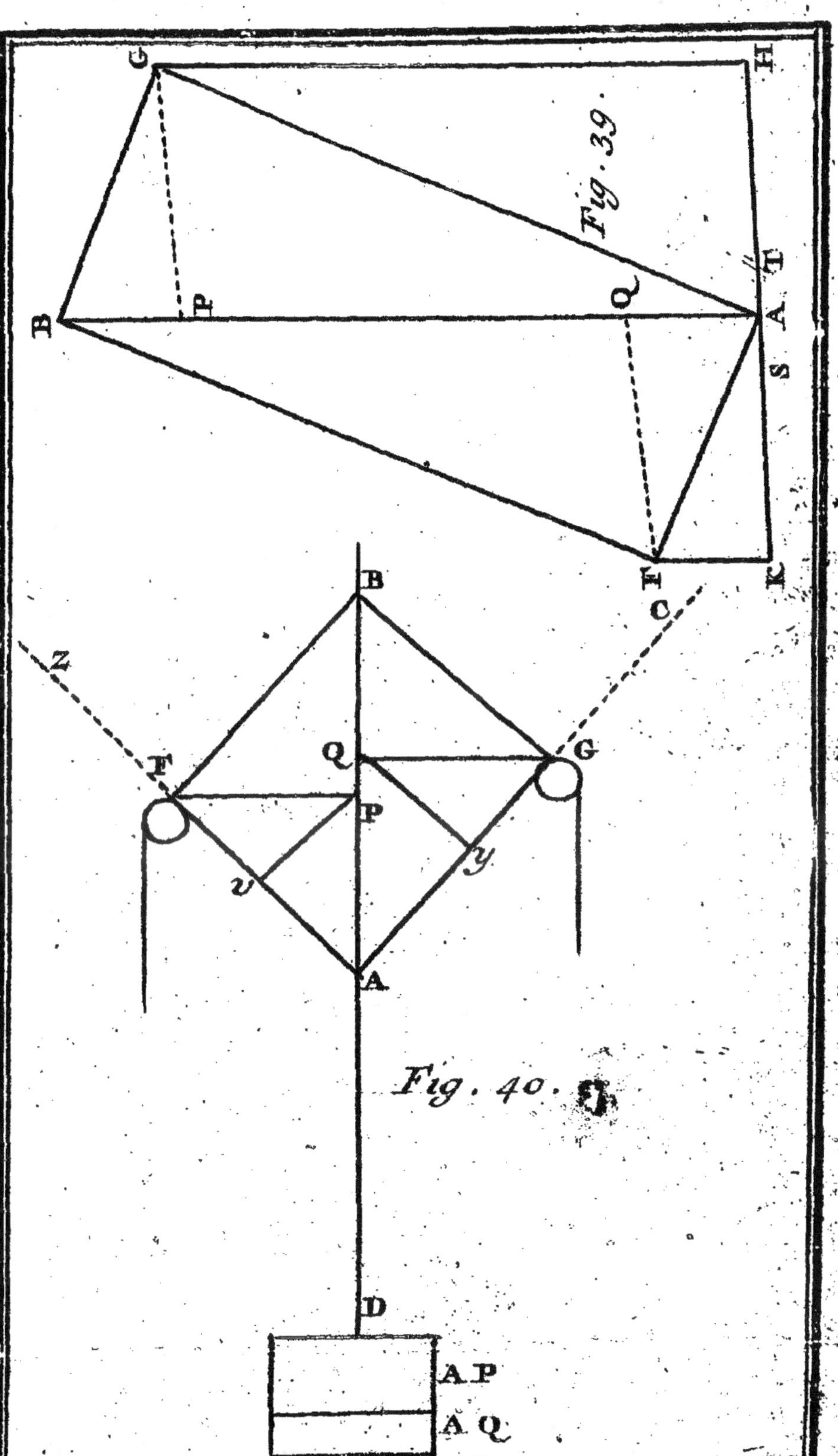

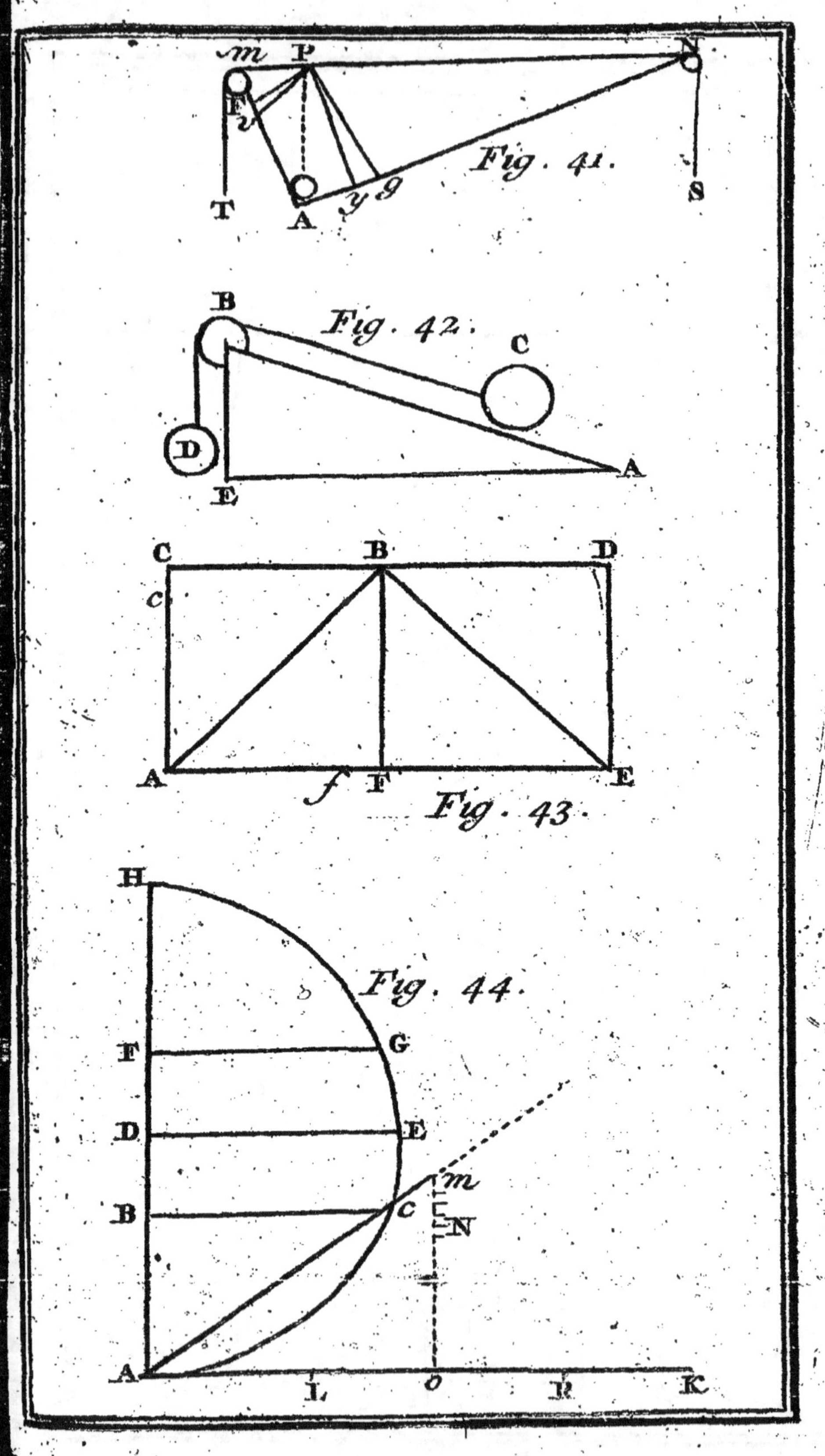
m
P
N
F
v
T
A
y g
Fig. 41.
S
B
Fig. 42.
C
D
E
A
C
B
D
c
A
f
F
E
Fig. 43.
H
Fig. 44.
F
G
D
E
B
m
c
N
A
L
o
R
K

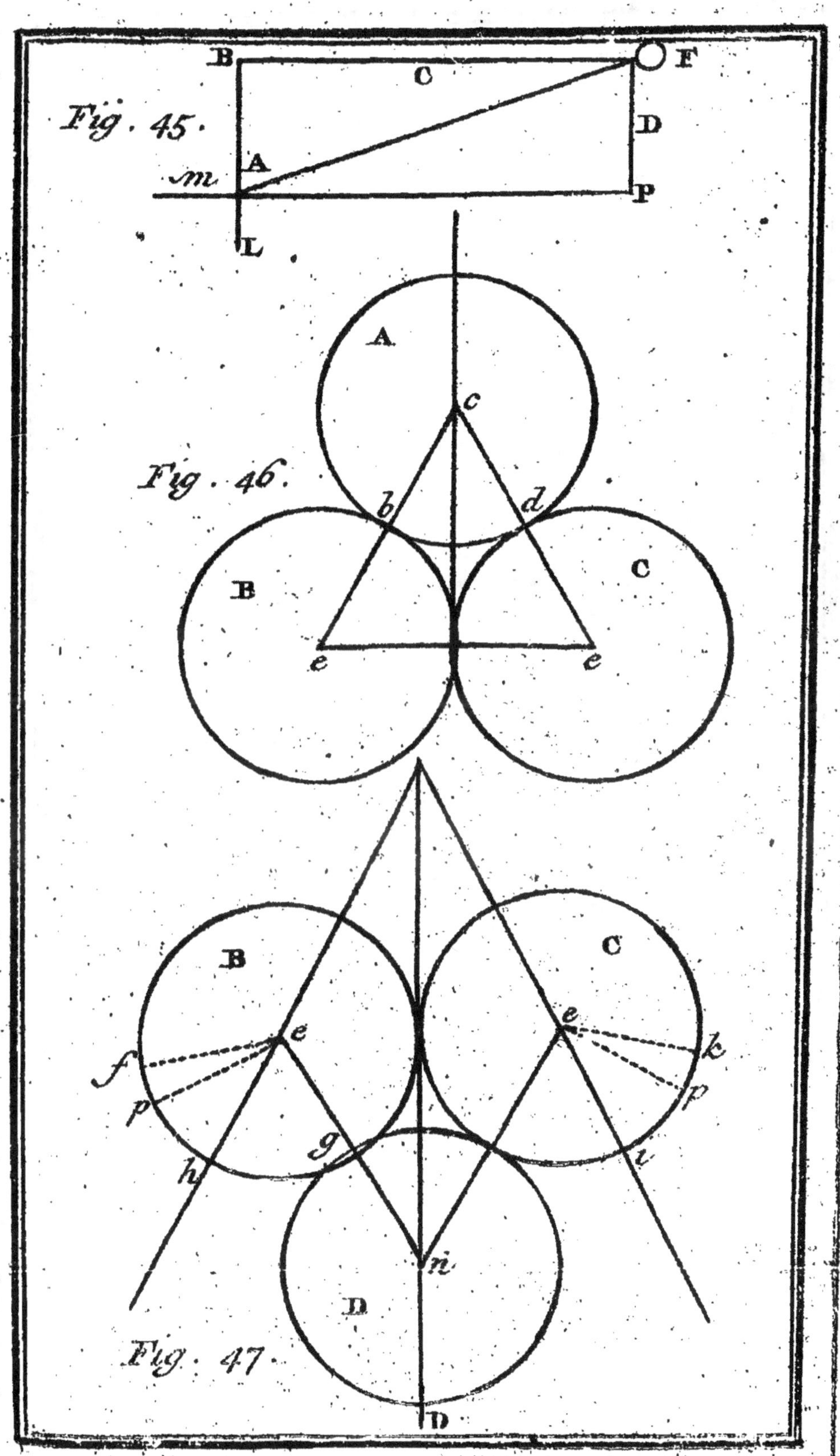

Fig. 45.
B
C
F
D
A
m
P
L
Fig. 46.
A
c
b
d
B
C
e
e
Fig. 47.
B
C
e
e
f
k
p
p
g
h
i
n
D
D

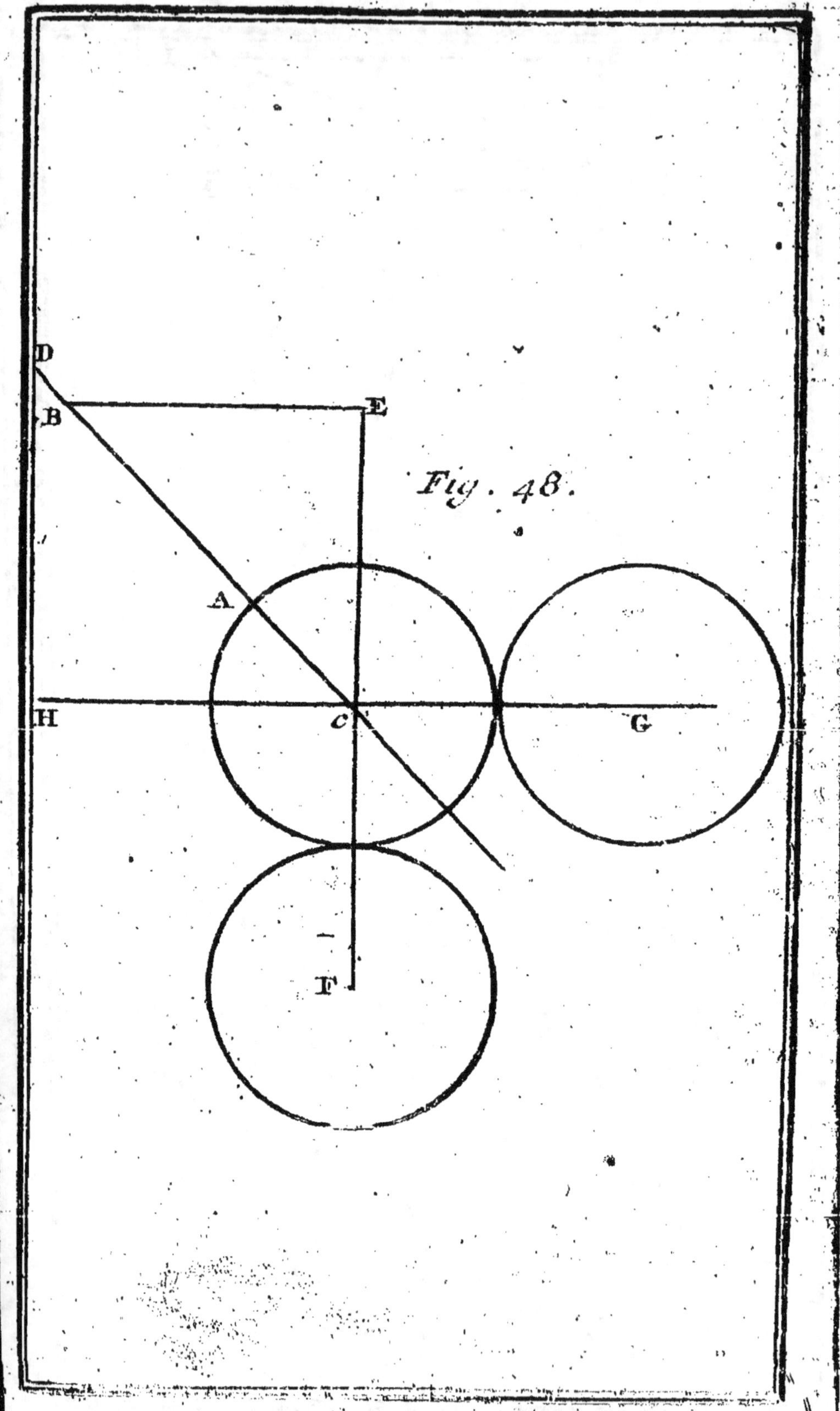

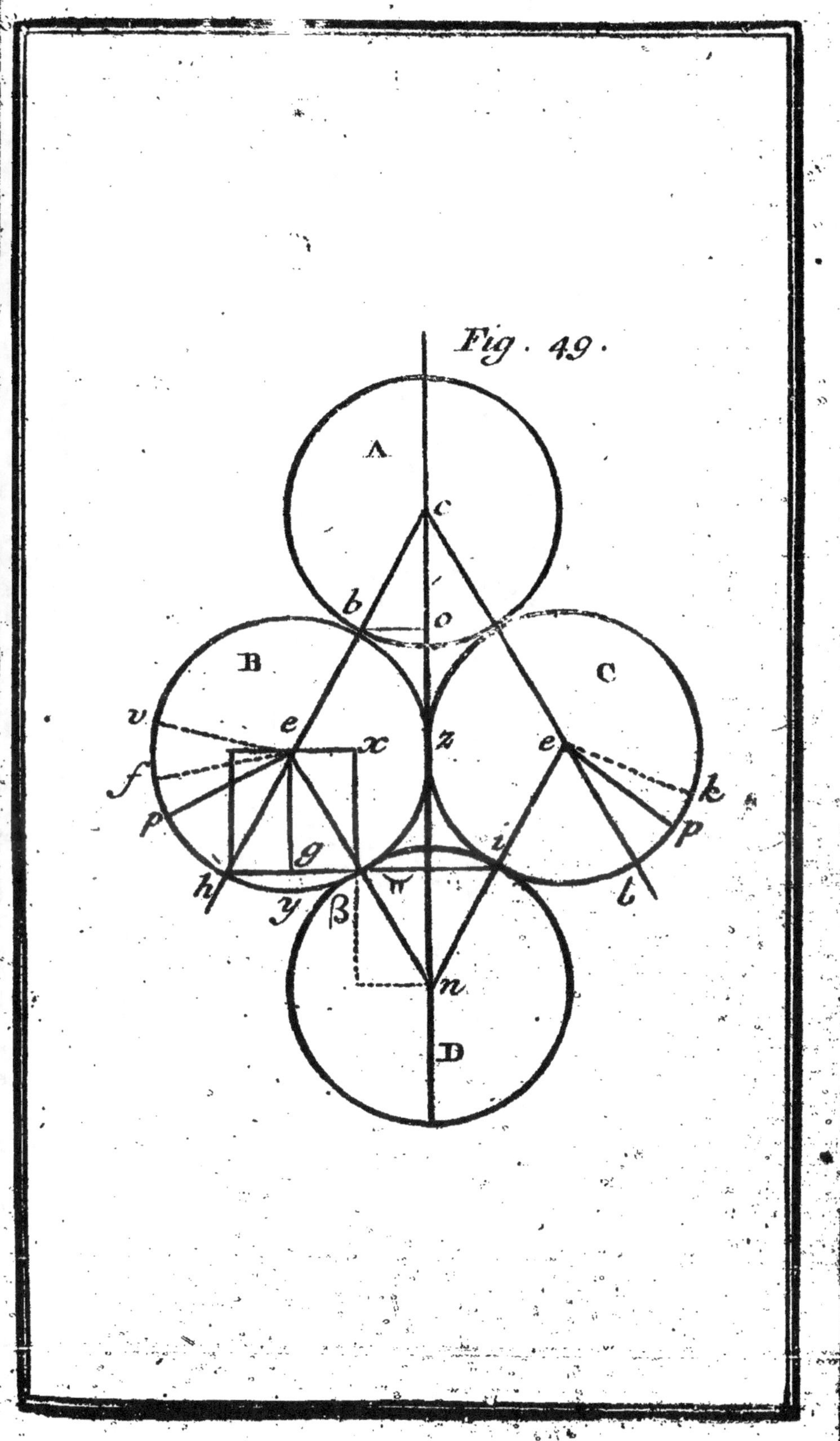

Fig. 49.
A
c
o
b
B
C
v
e
x
z
e
f
k
p
p
g
i
h
y
β
π
t
n
D

Fig. 50.
A
c
b
d
a
m

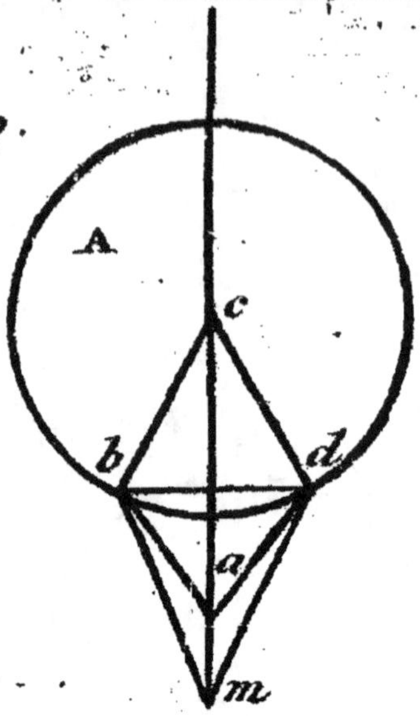

Fig. 51.
c a c
A
e b d
B
h
C
f g
m
D

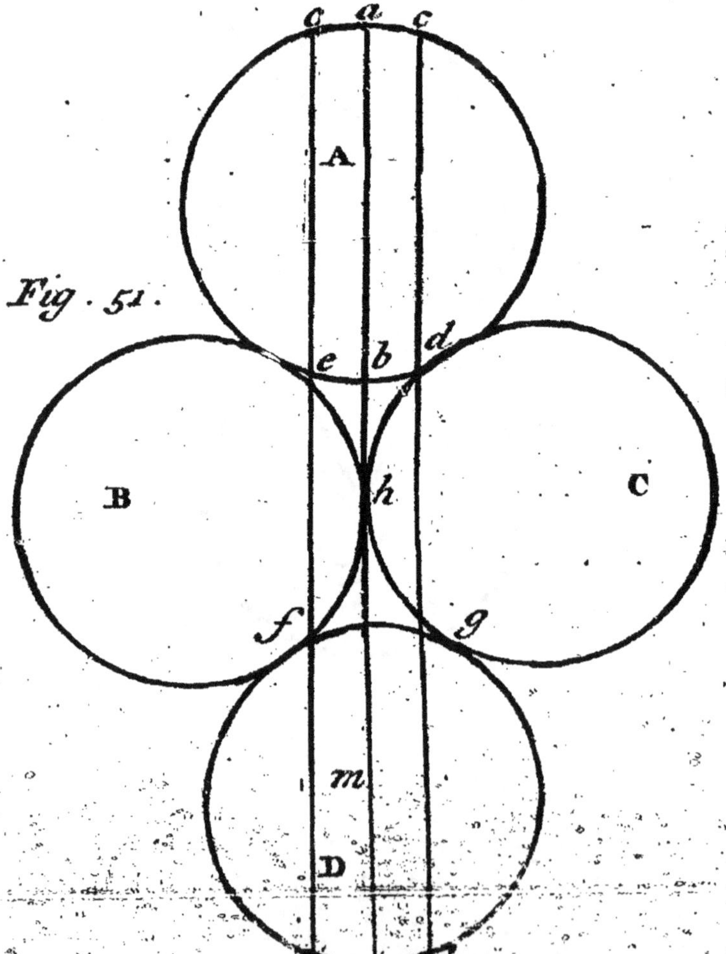